Dominik – Waldwissen kompakt

W0367449

Klaus C. F. Dominik

Waldwissen kompakt

Quelle & Meyer Verlag Wiebelsheim

Die Angaben in diesem Buch sind vom Autor und dem Verlag sorgfältig erwogen und geprüft, dennoch kann keine Garantie übernommen werden. Eine Haftung des Autors bzw. des Verlags und seiner Beauftragten für Personen-, Sach- und Vermögensschäden ist ausgeschlossen.

Bibliografische Information der Deutschen Nationalbibliothek
Die Deutsche Nationalbibliothek verzeichnet diese Publikation in der Deutschen Nationalbibliografie; detaillierte bibliografische Daten sind im Internet über http://dnb.d-nb.de abrufbar.

© 2022 by Quelle & Meyer Verlag GmbH & Co., Wiebelsheim
www.quelle-meyer.de

Das Werk einschließlich aller seiner Teile ist urheberrechtlich geschützt. Jede Verwertung außerhalb der engen Grenzen des Urheberrechtsgesetzes ist ohne Zustimmung des Verlages unzulässig und strafbar. Kein Teil dieses Buches darf deshalb ohne ausdrückliche schriftliche Genehmigung des Verlages digital oder analog vervielfältigt werden.

Umschlagabbildungen: U1: PEFC (u.), Pixabay: cortez13 (o.), U4: Kowalewski, A. (o. l.), Dominik, K. (m. l.), PEFC (u. l.), Kaiser, N. (Mitte), Growe Holzschutz AG (r.)

Druck und Verarbeitung: Westermann Druck Zwickau GmbH. Ein PEFC-zertifiziertes Papier kommt zum Einsatz.

Printed in Germany/Imprimé en Allemagne
ISBN 978-3-494-01886-7

Inhalt

Wald – kurz und knapp

(jedenfalls schnörkellos)

Einführung

Es war einmal eine bunt gemischte Gruppe von Menschen, die am Wald mehr oder weniger interessiert waren und sich auf einem Waldparkplatz trafen. Höflichkeiten wurden ausgetauscht, Kaffee getrunken, wohlüberlegte Fragen an den Gruppenleiter gestellt: „Warum hat der Baum da drüben einen roten Ring?“ „Das ist eine Markierung für einen Wanderweg!“ Eine Person, die direkt danebenstand, fragte: „Was bedeutet der rote Ring am Baum?“ Der genervte Gruppenleiter antwortete: „Das ist eine Kiefer. Mit dem roten Ring trennt man den Oberkiefer vom Unterkiefer.“ Es darf also nicht alles geglaubt werden, was über und in dem Wald erzählt wird, auch wenn es kurzfristig schlüssig erscheint. In diesem Büchlein sollen deshalb nur ganz kurz und ohne Bewertung Begriffe erklärt und Zusammenhänge geknüpft werden.

Kein Lebensraum hat weltumspannend eine solche Wirkung auf die Gefühle des Menschen wie der Wald. Die Irrlichter in den Mooren sowie auf Friedhöfen und die Wichtel Skandinaviens sind weitgehend entzaubert. Wald wirkt dagegen besonders beeindruckend durch sein Alter, seine Höhe und seine Vielfältigkeit. Hinzu kommt: Er ist greifbar!

In einem Kinderlied heißt es: „Im Märzen der Bauer die Rösslein anspannt.“ Er sät das Getreide und erntet es noch im gleichen Sommer. Im Mai wird der Mais gelegt und im Oktober geerntet. Von allen Nutzpflanzen ist nur der Mais mit seinen bis zu drei Metern Höhe ein Versteck. Als solches wird er aber nicht genutzt werden, außer vielleicht in dafür eigens angelegten Labyrinthen.

Im Wald dagegen kann die Fichte als schnellste der vier Hauptbaumarten ab heute geerntet werden, wenn sie direkt nach dem Zweiten Weltkrieg gepflanzt wurde. Sie erreichte bis jetzt eine Höhe von 20 bis 80 Metern. Die jetzt erntereife Eiche kann vor gut 200 Jahren von Napoleon auf seinem Feldzug durch Europa gepflanzt worden sein, die schlagreife Kiefer keimte kurz nach dem Ersten Weltkrieg und die Buche wurde vielleicht bei der Gründung des Deutschen Reichs vor etwa 150 Jahren gepflanzt. Fazit: Der Landwirt kann schnell auf veränderte Umstände reagieren, auf einige schon im nächsten Jahr. Der Waldumbau braucht eine lange Zeit.

Irrlichter

Besucher im Wald

Im Wald laufen, wandern, spazieren gehen und tief durchatmen, das ist schon etwas Besonderes! Dazu trägt unter anderem sein **Innenklima** bei. Im heißen Sommer ist es im Wald etwas kühler und feuchter und die Luft beinhaltet mehr Sauerstoff als waldfreie Flächen. Durch Verdunstung von Wasser, das sowohl im lebenden wie im abgestorbenen Holz vorhanden ist, schafft sich der Wald dieses eigene Klima. Außerdem schützt das Dach des Waldes bei Regen, wenigstens eine Zeit lang.

Eine der vielen Waldfunktionen ist der **Erholungswert** unmittelbar in der Natur. Aber wieso ist das so besonders erwähnenswert? Bis in die 1960er und 1970er Jahre war das Betreten des Privatwaldes zur Erholung verboten. Das **BETRETUNGSRECHT** ist nämlich eigentlich eine Einschränkung des Eigentumsrechts. Allerdings ist im Grundgesetz geregelt: „Eigentum verpflichtet. Sein Gebrauch soll zugleich dem Wohle der Allgemeinheit dienen." Besucher sollten zu jeder Zeit ruhig und vorsichtig die Wege benutzen, um Tiere nicht zu stören und keine Pflanzen zu beschädigen. Hunde sollten immer nah am Halter bleiben oder an der Leine geführt werden. Keine **Leinenpflicht** gilt derzeit in Baden-Württemberg, Bayern, Hessen, Rheinland-Pfalz, Sachsen und dem Saarland. Dort müssen Hunde nur im „Wirkungsbereich" des Besitzers sein. Sportler, Radfahrer oder Reiter sind gehalten, nur die vorgesehenen Wege zu nutzen und den Waldboden zu schonen. Darüber hinaus ist es überall im Wald untersagt, Müll zu entsorgen oder dort liegen zu lassen. Auch organische Materie wie Rasenschnitt gilt als Abfall, genau wie der Weihnachtsbaum, der nach Weihnachten in demselben Wald entsorgt wird, in dem er geschlagen wurde. Der Besuch im Wald ist in mehreren Bundesrahmengesetzen geregelt: im Bundeswaldgesetz, im Bundesnaturschutzgesetz und im Wasserhaushaltsgesetz. Das Betreten des Waldes erfolgt grundsätzlich auf eigene Gefahr. Dabei ist zwischen nutzungs-typischen und nutzungs-**a**typischen Gefahren zu unterscheiden. Das Bundeswaldgesetz erlaubt ausdrücklich das Betreten des Waldes zum Zweck der Erholung und schließt grundsätzlich ausdrücklich sowohl das Radfahren, das Reiten und das Fahren mit Krankenfahrstühlen ein, allerdings auf Wege und Straßen beschränkt. Die Bundesländer haben die Möglichkeit, durch eigene Gesetzgebung einzugreifen, so ist zum Beispiel in Hessen und Rheinland-Pfalz das Radfahren derzeit nicht im Betretungsrecht enthalten. Je nach

Landesrecht können Eigentümer von Flächen diese für den Gemeingebrauch sperren, meist einvernehmlich mit der Fachbehörde für Forst oder Naturschutz (Forstamt). In Bayern ist der freie Zugang zu Naturschönheiten und die Erholung in der freien Natur zusammen mit dem Betretungsrecht ein Verfassungsrecht. Die **Schutzgemeinschaft Deutscher Wald** (SDW) hat **Tipps zum Verhalten** zusammengestellt:

- Keine Tierbauten zerstören, verändern oder beschädigen.
- Die Mitnahme von Holz ist in der Regel nur in geringen Mengen zulässig, für größere Mengen ist ein Holzsammelschein notwendig.
- Das Anstauen von Waldgewässern ist untersagt, das Betreten des Uferbereichs sollte unter besonderer Vorsicht geschehen.
- Eine Beschädigung von Bäumen (wie das Einritzen von Nachrichten) kann zu ihrem Absterben beitragen und ist dementsprechend verboten.
- Klettern und Besteigen von Bäumen geschieht auf eigene Gefahr.
- Befahrungs- und Betretungsverbote sind immer zu beachten (z. B. für Baumschulen, gefährliche Bereiche, Bereiche für Forstarbeiten).
- Feuer im Wald ist nur an ausgewiesenen Stellen erlaubt, ebenso das Grillen (in einigen Bundesländern ist die Mindestentfernung zum Waldrand gesetzlich vorgeschrieben, meist mindestens 100 Meter).
- Hochsitze und andere ähnliche Einrichtungen sind nur von berechtigten Personen zu nutzen.
- Es darf nur mit einem gültigen Jagdschein gejagt werden.
- Motorisierte Fahrzeuge sind im Wald nur mit Sondererlaubnis zulässig.
- Abseits der Wege mit dem Fahrrad zu fahren, ist ohne Genehmigung immer verboten.

- Rauchen ist je nach Bundesland ganzjährig oder in einem bestimmten Zeitraum verboten.
- Sammeln von Blumen und Beeren ist in geringen Mengen erlaubt, sofern Pflanzen und Früchte nicht geschützt sind.
- Wandern abseits der Wege ist gestattet, sofern kein Betretungsverbot besteht oder regionale Bestimmungen dies untersagen.
- Zelten und Abstellen von Wohnmobilen ist verboten und nur mit Sondergenehmigung möglich.
- Schlafen unter freiem Himmel ist üblicherweise erlaubt.

Die **Eigentumsverhältnisse** sind innerhalb der Bundesländer vollkommen unterschiedlich, deutschlandweit sind 48 % des Waldes in Privatbesitz, 19,4 % gelten als Kommunalwald, 29 % als Staatswald und 3,5 % als Bundeswald. Dabei gehört der Kirchenwald zum Privatwald, der Körperschaftswald ist überwiegend Gemeindewald, der Staatswald gehört den Bundesländern und der Bundesrepublik (Bundeswald). Bei letzterem handelt es sich zum Beispiel um Truppenübungsplätze und Randstreifen an Bahntrassen (ehemals Feuerstreifen), Autobahnen und Wasserstraßen. Nach § 16 Bundeswaldgesetz haben sich, überwiegend aus dem Privatwald, sogenannte Forstbetriebsgemeinschaften (FBG) gegründet. Diese sind definiert als „privatrechtliche Zusammenschlüsse von Grundbesitzern, die den Zweck verfolgen, die Bewirtschaftung der angeschlossenen Waldflächen und der zur Aufforstung bestimmten Grundstücke zu verbessern, insbesondere die Nachteile geringer Flächengröße, ungünstiger Flächengestalt, der Besitzerzersplitterung, der Gemengelage, des unzureichenden Waldaufschlusses oder anderer Strukturmängel zu überwinden.“ Sie sind häufig ein wirtschaftlicher Verein oder eine Genossenschaft, in manchen Fällen eine Kapitalgesellschaft. Sie müs-

sen aus mindestens sieben Personen bestehen, die Größe liegt regional unterschiedlich bei etwa 1.500 Hektar Waldfläche, in Bayern liegt sie meistens deutlich über 10.000 Hektar.

Sind größere Aktionen geplant, muss in jedem Fall der Waldbesitzer gefragt oder informiert werden, gegebenenfalls der **Jagdbeständer** (Bewirtschafter) und in einigen Fällen auch das Forstamt. Hinweise und zeitlich begrenzte Einschränkungen und Sperrungen sind unbedingt zu beachten, da in einigen Fällen Jungpflanzen besonders geschützt werden müssen oder aufgrund von Waldarbeiten echte Lebensgefahr besteht. Auch nach Sturmereignissen kann eine **Waldsperrung** angeordnet werden.

Die Bundesländer bestrafen Verstöße gegen das Betretungsrecht unterschiedlich. Werden beispielsweise Hunde ohne Leine laufen gelassen, kostet das zwischen 20 und 125 Euro Strafe. Unerlaubtes Reiten im Wald kostet zwischen 25 und 1.000 Euro, unerlaubtes Radfahren im Wald 15 bis 80 Euro, unerlaubtes, offenes Feuer im Wald 50 bis 2.500 Euro, teilweise sogar bis zu 55.000 Euro.

Auflagen beim Betreten oder Bewirtschaften des Waldes können auch zum Schutz der Natur erlassen werden. Der „**Urwald**“ ist allerdings nicht dabei. Schon seit dem frühen Mittelalter ist dieser in Europa drastisch zurückgegangen. Urwald ist nach dem Duden definiert als *ursprünglicher, von Menschen nicht kultivierter Wald mit reicher Fauna*. Demnach ist er beschränkt auf den Regenwald am Äquator, Teile Russlands, auf den Balkan, die Karpaten und Teile Skandinaviens.

In der Kulturlandschaft Deutschlands gibt es Gebiete mit Schutzstatus, die in einigen Fällen überwiegend sich selbst überlassen bleiben. Die wichtigsten Kategorien werden im Folgenden genannt.

- **Besonders geschützte Biotope** wie zum Beispiel Bruch-, Sumpf-, und Auwälder oder Steilküsten. Sie müssen nicht ausdrücklich per Gesetz oder Verordnung unter Schutz gestellt werden.

- **Biosphärenreservate** sind Gebiete, in denen das Zusammenleben zwischen Mensch und Natur unter Erhalt der biologischen Vielfalt untersucht wird. Es sollen naturverträgliche Landnutzungsmethoden sowie die Umweltforschung und -bildung gefördert werden.

- **FFH-Gebiete** (**F**lora-**F**auna-**H**abitat) dienen als Teil des Natura-2000-Schutzgebietsnetzes dem Schutz und Erhalt bestimmter Lebensraumtypen und werden von den Ländern ausgewiesen. In Deutschland sind insbesondere die Buchenwald-Lebensraumtypen von Bedeutung. Bei zusätzlichem Aufwand bei der Bewirtschaftung ist eine finanzielle Förderung möglich.

- **Landschaftsschutzgebiete** und **Naturparke** bedürfen besonderer Maßnahmen zur Erhaltung oder Wiederherstellung der Natur und ihrer Leistungsfähigkeit. Dabei liegt der Schwerpunkt der Naturparke auf dem Schutz der natürlichen Vielfalt. Landschaftsschutzgebiete haben in der Praxis einen schwächeren Schutzstatus als Naturschutzgebiete, allerdings sind sie großflächiger.

- **Nationalparke** sind großräumige Gebiete, bei denen der sogenannte Prozessschutz im Vordergrund steht, also die natürliche und durch den Menschen möglichst ungestörte Entwicklung des Ökosystems. In Deutschland sollte die Mindestgröße 10.000 Hektar betragen. Mindestens der angrenzende Raum für natürliche Dynamik sollte nach einer Übergangszeit von maximal 30 Jahren zu mindestens 75 Prozent für Bildung und Erholung eine wichtige Rolle spielen.

- **Natura 2000** ist ein Netzwerk mit dem Ziel, auf Grundlage der FFH-(Flora-Fauna-Habitat) und der Vogelschutzrichtlinie die biologische Vielfalt dauerhaft in Europa zu erhalten. Es gilt das sogenannte Ver-

schlechterungsverbot. Einzelne EU-Mitgliedsstaaten können den Status von Natura-2000-Gebieten nicht einfach aufheben. Machen sie es doch, droht ein Verfahren auf europäischer Ebene.

- **Naturdenkmäler** sind natürliche Landschaftselemente wie besonders alte, prächtige Bäume, markante freistehende Felsen oder Ähnliches.

- **Naturschutzgebiete** sind Gebiete zur Erhaltung der Lebensgemeinschaften von Tieren und Pflanzen. In Naturschutzgebieten ist es verboten, Bestandteile zu zerstören, zu beschädigen oder zu verändern.

- **Vogelschutzgebiete** werden mit der entsprechenden Richtlinie zur Ausweisung besonderer Gebiete zum Schutz von heimischen und gefährdeten Vögeln eingerichtet.

Die Hinweisschilder für all diese Naturschutzeinrichtungen zeigen einen fliegenden Seeadler oder eine Waldohreule mit der entsprechenden Inschrift. „Erfunden" wurden beide Sinnbilder im Jahr 1950, wobei auf den älteren Schildern der Weißkopfseeadler zu sehen ist (Wappentier der USA). Erst viele Jahre später wurde das Emblem an einen einheimischen Seeadler (deutscher Wappenvogel) angepasst. Eine einheitliche bundesweite Regelung gibt es für die Kennzeichnung nicht.

Nach derart viel Theorie und Recht, muss sich etwas Zeit dafür genommen werden, sich einmal auf den Waldboden zu setzen (nicht ungeschützt in die Nähe eines **Ameisenhaufens**!) und einfach mal hinzuhören: Das Laub raschelt durch Wind oder Tiere und die Vögel zwitschern. Seltener besteht die Möglichkeit, Tiere auch zu sehen, sie können sich häufig hinter Bäumen und Sträuchern sehr gut verstecken. Der **Specht** klopft sich sein Futter aus dem Käferbaum oder er baut sich sogar eine Höhle.

Diese errichtet er am liebsten in Buchen oder Kiefern. Dabei bevorzugt er dicke, glatte und astfreie Stämme zum Schutz vor Feinden. Außerdem benötigt ein Spechtpärchen mehrere Höhlen. Es wird getrennt geschlafen und in einer weiteren Höhle gebrütet. All das macht ihn nicht zum Freund des Försters, der an solchen Bäumen ein wirtschaftlich großes Interesse hat. Eins kann dem Specht allerdings nicht nachgesagt werden, nämlich dass sein Wohnungsbau die Stammfäule mit sich bringt. Es wurde schließlich wissenschaftlich nachgewiesen, dass der Specht beim Klopfen feststellt, ob der Baum innen schon faul ist. Wenn dem so ist, pflanzt er Pilze in diese „Probebohrung“, die dann über teilweise mehrere Jahre das Holz aufweichen. Der Specht arbeitet also über Jahre hinweg an seiner Höhle. Respekt! Oder: Nicht schlecht, Herr Specht!

Außer den Ameisen, die den Waldbesucher ärgern können, leben vom Frühjahr bis zum Herbst **Zecken** ak-

Ameisenhaufen

tiv bodennah im hohen Gras sowie in Büschen. Diese können in den entsprechenden Regionen sogar (lebens-)gefährlich sein. Zecken gehören zu den Milben und damit zu den Spinnentieren (8 Beine). Sie benötigen das Blut der Wirbeltiere zur Ernährung und die Weibchen zusätzlich zur Eiausbildung, können jedoch nachweislich mitunter bis zu sieben Jahre lang auch ohne Nahrung überleben. Von den 900 bekannten Arten legen einige bis zu 20.000 Eier. Sie stechen mit ihren Mundwerkzeugen in die Haut ein, speicheln in den Einstich und verringern damit das Verkleben der Blutplättchen. Dadurch bleibt das Blut länger flüssig und sie können längere Zeit beim gleichen Wirt bleiben. Zecken sind diejenigen Parasiten mit den meisten unterschiedlichen Krankheitserregern, sie selbst erkranken allerdings nicht. Auch Menschen sind durch Erkrankungen wie zum Beispiel **Borreliose** oder **Frühsommer-Meningoenzephalitis (FSME)** betroffen. Das echte Risikogebiet für diese Krankheiten in Deutschland ist in etwa südlich der Rhein-Main-Linie. Auch dort sind allerdings nur bis zu 5% mit dem FSME-Virus infiziert. Das Vorkommen von Borrelien schwankt sehr stark und kann bis zu 30% betragen. Nur bei etwa 1% der Zeckenstiche ist mit Krankheitssymptomen zu rechnen. Feste Kleidung schützt erheblich (Socken über die Hosenbeine ziehen!) sowie auch die Anwendung von sogenannten **Repellentien** (**Insektenschutzmittel**), obwohl dieser Schutz nur zeitlich begrenzt ist. Diese Mittel können auch auf die Kleidung aufgetragen werden. Zecken bevorzugen Stichstellen, an denen die Haut besonders dünn ist, wie zum Beispiel am Haaransatz, an den Ohren sowie am Hals, oder aber solche, an denen die Umgebung feuchtwarm ist, wie bei den Achseln, der Ellenbeuge, dem Bauchnabel, der Kniekehle oder dem Genitalbereich. Um das Infektionsrisiko zu minimieren, sollte die Zecke so bald wie möglich herausgezogen werden. Dazu kann sich einer Pinzette bedient werden oder – einfacher – einer **Zeckenkarte** (in Apotheken und vielen Drogerien erhältlich), die zwischen Haut und Zeckenkörper geführt wird und mit der die Zecke langsam und gerade nach oben aus der Haut gehebelt wird. Sie sollte möglichst nicht gedreht und auf keinen Fall mit Öl oder Klebstoff beträufelt werden, da bei einer Erstickung unnötig große Mengen Speichel und damit Infektionserreger abgegeben werden.

Eine möglichst sofortige Entfernung verringert jedes Risiko. Mangelt es an Instrumenten, sollte mit den Fingernägeln unter den Körper gegriffen werden. Innerhalb von 14 Tagen kann um den Einstich ein roter Ring entstehen (**Wanderröte**) und/oder eine starke Gelenkschwellung, dann muss unbedingt ein Arzt aufgesucht werden. Die beste Vorsorge gegen FSME ist die Impfung, die Borreliose kann nur im Nachhinein mit verschiedenen Antibiotika behandelt werden.

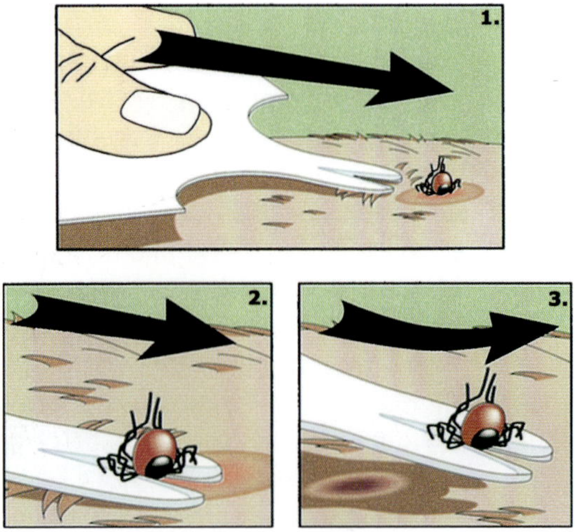

Zeckenkarte

Wild im Wald

Für die Wildtiere ist der Wald Lebensraum und Schutz zugleich. In der Dämmerung und nach Regenschauern wechseln die größeren Wildarten vom Wald auf die Felder und Wiesen, um dort zu fressen (zu „äsen“ ist vornehmer!). Dann ist die Hauptzeit des **Wildwechsels** von Wildschweinen, Rehen, Hirschen und Co., im Zwielicht eine schwierige Zeit für Autofahrer. Besonders gefährlich sind dabei die Zeiträume zwischen 6.00 und 9.00 Uhr sowie zwischen 17.00 und 20.00 Uhr. Im Juni gehen die Zahlen von überfahrenem Wild („**Fallwild**“) dann wieder deutlich zurück, da das Wild nach der für „Herrn und Frau Wildtier“ aufregenden Frühlingszeit deutlich ruhiger und achtsamer wird. Wird ein Stück Wild gesehen, muss deutlich abgebremst und das Lenkrad festgehalten werden. Das Fernlicht muss ausgeschaltet werden und es empfiehlt sich, intensiv zu hupen. Bei einem **Wildunfall** rät der ADAC: Warnblinkanlage einschalten, Warnweste anziehen und Unfallstelle absichern. Es muss immer die Polizei unter der Rufnummer 110 verständigt werden. Sind Personen verletzt, ist zusätzlich die 112 zu wählen. In vielen Bundesländern muss außerdem noch ein Jäger informiert werden, der eine Wildschadenbescheinigung für die Vollkaskoversicherung aushändigen kann. Das angefahrene Wild darf vom Unfallort nicht entfernt werden, das würde als Wilderei bestraft werden.

Derjenige, dem der Wald gehört, ist dagegen froh, wenn nicht im Wald gefressen wird. Durch **Wildverbiss** entstehen immense, bleibende Schäden an den Bäumen und Sträuchern bis hin zum Totalausfall. Gerade Jungpflanzen, auch auf Flächen zur Anzucht von Bäumen wie zum Beispiel in Baumschulen (**Kämpen**), und Baumarten, die seltener sind, ziehen Tiere mit Fell („**Haarwild**“) geradezu magisch an. Besonders die frischen Knospen, Triebe und die Rinde sind nach einem entbehrungsreichen Winter ein Festessen. Es kann aber auch vorkommen, dass den Einen das Fell juckt, oder dass der Andere das Gehörn bzw. Geweih von der Haut (dem Bast) befreien will. Oder Rehbock oder Hirsch wollen einfach nur spielen. Wenn das in Einzelfällen vorkommt, ist es „halb so wild“, wenn es allzu oft geschieht, wird das wie so häufig im Leben eine teure Angelegenheit. Dadurch kann es zu Holzfehlern wie dem **Bajonettwuchs** kommen, wobei sich ein Seitentrieb aufrichtet. Die Ausbildung von Johannistrieben nach Fraß führt häufig zu Zwieselwuchs. Schlimmstenfalls stirbt die Pflanze vollständig ab.

Aufprallgewicht von Wildtieren
(in Tonnen bei Tempo 60)

Beim Zusammenstoß zwischen Pkw und Wildtieren wirken starke Kräfte auf das Fahrzeug ein. Die Wucht, mit der ein Rothirsch bei Tempo 60 in die Frontpartie eines Autos einschlägt, entspricht dem Gewicht eines ausgewachsenen Elefanten: Fünf Tonnen.

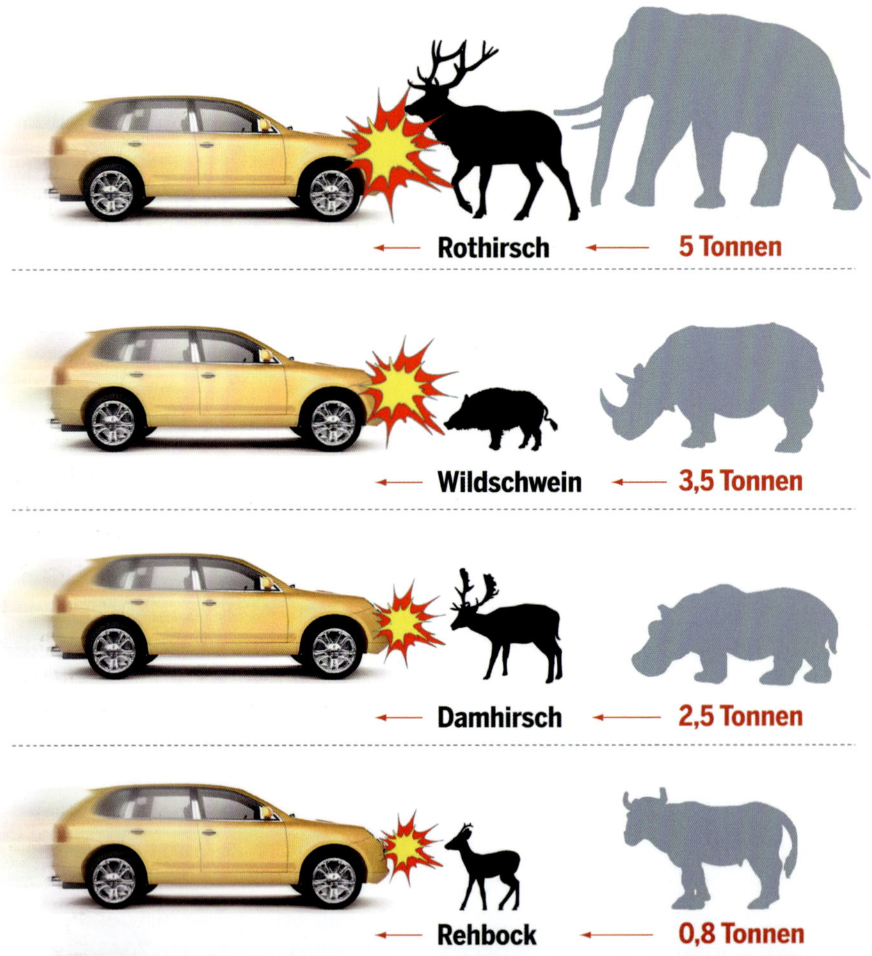

Verbissschäden: Auf dem vorliegenden Bild ist gut zu erkennen, dass der Verbiss genau in Kopfhöhe des Damwildes erfolgt.

Zu den Verbissschutzmitteln (Wildschutzmitteln) zählen der Zaun, Beizmittel und Mittel zum Streichen. Blechstücke oder Schafwolle können um die Knospen gewickelt werden. Daneben können Gehölze oder Wildäcker zur Ablenkung des Wildes angelegt werden. Da diese Tiere heutzutage kaum natürliche Feinde haben (abgesehen von den vorab genannten Autofahrern), tritt der Jäger (und Heger) regulierend auf. Regulierend bedeutet, dass er die Lebensumstände für alle Wildtiere erhält und möglichst verbessert. Seine Aufgabe ist nicht nur der Abschuss, er reguliert auch durch die Anlage von besonderen Gräsern auf Lichtungen oder die Lenkung des Andrangs von Erholungsuchenden.

Durch die Waldbewirtschaftung und Forstproduktion sind alle Arbeiten im Wald zusammengefasst, von der Saat oder Pflanzung und Wegepflege bis hin zur Holzernte. Der **Forstwirt** ist derjenige, der dem landläufigen Bild des Försters am nächsten kommt.

Er arbeitet zusammen mit den **Waldarbeitern** direkt am und im Wald. Beispielsweise muss der Waldboden zur Bepflanzung durch Räumen, Mulchen und Befreien von ungewünschter Begleitvegetation wie Brombeersträuchern vorbereitet werden. Jedoch nicht mit **Düngung**! Eine Düngung ist nur als Anwuchshilfe erlaubt. Dabei gilt die Bodenkalkung nicht als Düngung. Häufig werden Bodenproben genommen, denn der Standort ist für die anzupflanzende Baumart ein wichtiger Faktor.

In der Regel wird die Ausbildung zum Forstwirt durch Blockunterricht an staatlichen Schulungszentren begleitet. Beschäftigung findet der Forstwirt dann in Forstbetrieben, forstlichen Unternehmen oder auch im Landschaftsbau. Ein Abschlusszeugnis zum Forstwirt, ein Nachweis über eine zweijährige Praxiserfahrung sowie ein Vorbereitungskurs – je nach Bundesland dauert dieser zwischen sechs und neun Monaten – sind die Voraussetzungen dafür, zur Meisterprüfung zugelassen werden zu können. Danach tritt die aktive Forstarbeit eher in den Hintergrund, es kommen Aufgaben wie Lehrlingsausbildung, Maschineneinsatzplanung und Revierleitung auf den **Forstwirtschaftsmeister** zu. Immer mehr Forstwirtschaftsmeister machen sich als Unternehmer selbständig.

Zur Zulassung zum zweijährigen Vollschulstudium mit dem Ziel **Forsttechniker** muss der Forstwirt mindestens ein Jahr Berufserfahrung haben. Danach wird er zur Betriebsleitung, Revierleitung sowie in der Wasserwirtschaft und in der Geschäftsführung von Waldbesitzervereinigungen ausgebildet. Der Forsttechniker arbeitet auch als selbständiger Unternehmer.

Landschaftspfleger

Für das siebensemestrige Bachelorstudium zum **Forstingenieur** ist mindestens die fachgebundene Hochschulreife erforderlich. Es werden praxisnah naturwissenschaftliche Grundlagen, ausgewählte Wirtschafts- und Rechtsbereiche sowie die gesamte Bandbreite forstfachspezifischer Themen behandelt. Beschäftigung finden die Forstingenieure als Betriebs- oder Revierleiter („Förster") zur Betreuung bei privaten, kommunalen oder staatlichen Forstbetrieben, bei Waldbesitzervereinigungen, bei Forst- und Holzunternehmen, im Bereich des Naturschutzes, der Landschaftspflege oder der Umweltbildung.

Zur Ausbildung zum **Forstwissenschaftler** an der Universität ist die Allgemeine Hochschulreife erforderlich. Es gibt grundlegende Bachelor- und darauf aufbauende Masterstudiengänge. An den Master kann ein zweijähriger Vorbereitungsdienst (Referendariat) angeschlossen werden. Forstwissenschaftler übernehmen Führungsaufgaben in größeren Forstbetrieben, in der staatlichen Verwaltung oder in Forschung und Lehre.

Die handwerkliche Ausbildung zum **Geprüften Natur- und Landschaftspfleger** (häufig auch **Ranger** genannt) ist eine Fortbildung. Ziel ist es, gefährdete Lebensräume und Biotope als ökologische und kulturelle Werte des ländlichen Raumes zu erhalten. Durch Besucherinformation und Schutzgebietsbetreuung sollen der Schutz der biologischen und landschaftlichen Vielfalt gefördert und ein intensives Naturerlebnis ermöglicht werden.

Hirschfänger

Jagdnicker aus Damaststahl

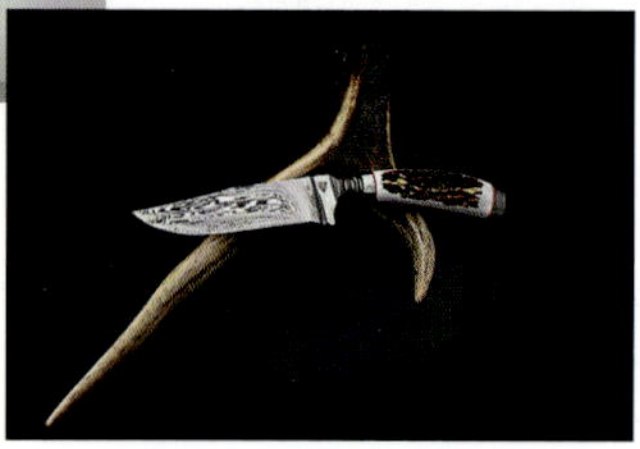

Ein höchst brisantes Thema ist die **Jagd**. Aus diesem Grund soll hier möglichst neutral darauf eingegangen werden. Zusätzlich zu dem Umgang mit todbringenden Waffen wie Gewehren (Kugel oder Schrot), Pistolen oder Hirschfängern, hat sich – vielleicht auch durch eine gewisse Unsicherheit – eine eigene Jägersprache entwickelt und überliefert. Schon aus diesen Gründen hat die Jagd etwas Mystisches. Sicherlich kann hierzulande auf Jagd nicht verzichtet werden, da viele Wildtiere keine natürlichen Feinde mehr haben. Die sich entwickelnden hohen Wilddichten von Rehwild, Damwild, Rotwild und Sikawild sowie Wildschweinen (**Schalenwild**, da die Klauen als „Schalen" bezeichnet werden) richten als Pflanzenfresser bei Pflanzungen und bei der Naturverjüngung ungeheure Schäden an. Darüber hinaus sind die Schälschäden an älteren Bäumen erheblich und entwerten auch ältere Waldbestände. Dieser sogenannte **Wald-Wild-Konflikt** ist für Waldbesitzer, Forstleute und Naturschützer auch beim Aufbau klimastabiler Mischwälder ein sehr großes Problem. Außerdem können Wildtiere sehr stark Krankheiten verbreiten. Dabei ist an parasitäre Krankheiten (z. B. Fuchsbandwurm), bakterielle Krankheiten (z. B. Tuberkulose, Pest) und Viruskrankheiten (z. B. Tollwut, Schweinepest, SARS mit CoV-2) zu denken.

Das **Jägerlatein** ist übrigens eigentlich nur eine Bezeichnung für die Jägersprache. Dazu kamen dann später die Übertreibung und die „Geschichten am Kamin". Das Wort Jagd hat sowohl die Bedeutung als Revier oder als Veranstaltung. Statt von der Jagd wird häufig auch vom Weidwerk und dem Weidmann (indogermanisch: weid = sich Nahrung verschaffen) gesprochen. Jäger selbst sprechen häufig von: W**ai**dwerk. Beispiele der **Jägersprache** sind folgende: Die Ohren des Wildschweins werden „Teller" genannt, die des Hasen „Löffel". Der Schwanz des Fuchses wird als „Lunte" bezeichnet. Allerdings kommt die Bezeichnung „Lunte riechen" von der Zündschnur an Kanonen. Rehwild hat einen „Spiegel", einen weißen Fleck auf dem Hinterteil. Beim weiblichen Rehwild hat dieser eine herzförmige Form mit einem herabhängenden Haarbüschel (Schürze), beim männlichen ist er nierenförmig und ohne Schürze.

„**Rauhwild**" ist der Sammelbegriff für alle Pelztiere, wobei „Rauh" ein mittelhochdeutsches Wort für „behaart" (nicht glatt) ist. In der Kürschnerei werden deshalb Pelze auch als Rauchwaren bezeichnet. Häufig erfolgt eine Einteilung in **Hochwild** und **Niederwild**. Diese ist historisch, es galt das Wild zu bestimmen, das dem hohen Adel (**Hohe Jagd**) vorbehalten war. Zum Hochwild zählt alles Schalenwild mit Ausnahme des Rehwildes, außerdem das Auerwild, der Seeadler und der Steinadler.

In Deutschland gibt es etwas mehr als 350.000 Jäger, das sind 0,43 % der Gesamtbevölkerung, in den USA liegt der Prozentsatz bei 3,5 % und 11,4 Mio. Jägern. Der **Berufsjäger** (Revierjäger) dagegen ist ein anerkannter Lehrberuf. In Deutschland gibt es rund 1.000 Berufsjäger, die eine dreijährige Ausbildung absolviert haben. Die Zulassung zur Ausbildung erfordert eine abgeschlossene Schulbildung und den Jagdschein. Die Ausbildung erfolgt im Lehrbetrieb und begleitend in der Berufsschule. Gelehrt werden zum Beispiel: Jagd- und Reviermanagement, betriebliche Abläufe und Organisa-

tion, wirtschaftliche Zusammenhänge; Tier- und Artenschutz (Hege); Waffenkunde; Führung von Jagdgebrauchshunden, Greifvögeln und Frettchen (**Jagdhilfstiere**). Weiter muss in einigen Regionen mit Heu zugefüttert werden, damit die Tiere die teilweise schweren Wintermonate überstehen. Erkrankungs- und Todesursachen von Wild müssen erfasst und der Gesundheitsstatus ausgewählter Wildarten bestimmt werden. Nach abgeschlossener Berufsausbildung und zweijähriger Berufspraxis können sich Revierjäger nach Lehrgang und bestandener Meisterprüfung zum Revierjagdmeister qualifizieren und selbst Lehrlinge ausbilden.

Der wohl bekannteste alte Beruf im Wald ist der des **Köhlers**. Er stellt Holzkohle her. Dazu wird Meterholz (mille = 1.000) in drei Stockwerken zu Meilern aufgeschichtet. Auf diese Weise werden bis zu 100 Raummeter Holz verbaut. In der Mitte bleibt ein etwa 40 × 40 cm weiter Schacht (Quantelschacht), der mit Holzstückchen (Quanteln) oder Holzkohle gefüllt wird. Der **Kohlenmeiler** wird mit einem Mantel aus Heu oder Laub und Erde abgedeckt, sodass keine Luft hindurchdringt. Die Zugluft wird über kleine Löcher im Mantel gesteuert. Diese Arbeit bedarf einer großen Erfahrung, da bei zu viel Luft das Holz zu Asche verbrennt, bei zu wenig Luft wird der weiße Rauch dunkel und der Meiler explodiert, da giftiges, hochexplosives Kohlenmonoxid entsteht. Aus 100 kg Hartholz können etwa 30 kg Holzkohle gewonnen werden. Die Energie der Holzkohle wurde zur Herstellung von Glas oder von Eisen aus Erz verwendet. Beim Grillen von Steaks kann auf einen Metallrost verzichtet werden, wenn das Fleisch direkt auf das kokelnde (natürlich unbehandelte) Holz gelegt wird, da die entstandene Holzkohle antiseptisch wirkt. Der „Köhlerglaube" bezeichnet übrigens eine gewisse Leichtgläubigkeit.

Kohlenmeiler

Holzriese

Flößer bei der Arbeit

Sogenannte **Rieshirten** bauten in bergigem Gelände Rutschen („Riesen", „Huschen") aus entrindeten Bäumen, um damit weitere Bäume zu Tal zu bringen. Das Ende der Riesen lag vorzugsweise an Bächen oder Flüssen, da die Bäume dort von **Flößern** übernommen werden konnten. Diese banden die Stämme zu Feldern zusammen. Je größer die Flüsse, umso größer konnten die Flöße werden, indem immer mehr Felder neben- und hintereinander verbunden wurden. Sie wurden auf dem Rhein hinter dem Binger Loch durchaus 400 m lang und 80 m breit. Häufig wurden sie bis in die Niederlande geflößt, wo ein sehr großer Holzbedarf bestand.

Der **Teerschweler** (Schmierbrenner) fing den bei der Verkohlung entstehenden Holzessig, Holzteer, das Kienöl und Pech auf und verarbeitete es. Übrigens ist der Ausdruck „Pechvogel" auf die klebende Wirkung von Pech zurückzuführen. Diese wurde sich bei der Vogeljagd zunutze gemacht, bei der in Pech getunkte Äste (Leimruten) verwendet wurden. Auf die klebende Wirkung bezieht sich auch der Ausdruck „Zusammenhalten wie Pech und Schwefel".

Der Beruf des **Harzers** war in Kiefernwäldern sehr verbreitet. Von Mai bis Juli wurde die Rinde am Stamm auf bis zu einem Meter Höhe entfernt (Lebendharzung), der Baum mit fischgrätförmigen Einschnitten

Harzlachte

Fig. 33. — Fabrication du noir de fumée.

Kienrußbrenner

(„Lachten“) verwundet (ausgeblutet) und das auslaufende Harz von August bis September aufgefangen. Dieses wurde dann im Schiffbau zum Abdichten oder zum Beispiel bei der Herstellung von Seifen verwendet. Das erhaltene Kolophonium konnte unter anderem bei der Lackherstellung oder als Hilfsmittel beim Löten genutzt werden. Die Haare der Bögen von Streichinstrumenten werden damit eingerieben. Allerdings war dann der wirtschaftlich interessanteste Teil des Baumstamms als Bauholz nicht mehr nutzbar, weshalb das letzte „Pechlehen“ um das Jahr 1750 ausgegeben wurde. Lehen sind umfassende Nutzungsrechte, die auf Zeit oder lebenslang gegen Entgelt – auch Naturalien – verliehen (Name!) wurden.

Der **Lohmacher** entrindete das Laubholz, um aus der Rinde Gerbstoffe für Tierhäute zu gewinnen. Der **Kienrußbrenner** verwendete alle harzhaltigen Zapfen und Reisig. Er verbrannte (verschwelte) sie unter geringer Luftzufuhr zu fast reinem Kohlenstoff, aus dem Druckerschwärze und Schuhwichse hergestellt wurden. Die sehr feinen Stäube wurden zu Zeichentusche verarbeitet. All diese Gewerbe sind im 20. Jahrhundert nach und nach untergegangen.

In Deutschland gibt es seit Jahrhunderten grundsätzlich nur noch den Wirtschaftswald und nichtbewirtschaftete Waldflächen. Die wichtigsten Pflanzen im Wald sind ohne Zweifel die Bäume.

Der Aufbau des Baumstammes

Aber wie sind diese Pflanzen aufgebaut? Der wirtschaftlich wertvollste Teil des Holzes im Inneren des stehenden Stammes ist das **Kernholz**. In ihm sind keine lebenden Zellen mehr vorhanden und die funktionslosen Gefäße sind mit *Füllzellen* ausgestattet, die mit Harz oder Gerbstoff gefüllt sind. Dadurch werden die Zellwände imprägniert, wodurch eine insgesamt dunklere Farbe entsteht. Da in der Vegetationszeit vom Frühjahr bis in den Herbst hinein viel Wasser und Nährstoffe transportiert werden, sind die Zellen größer. Sie bilden das hellere „Frühholz". In der vegetationslosen Zeit wie dem Winter sind die Zellen enger mit eingelagertem Lignin, welches diese dunkel färbt („Spätholz"). Im folgenden

Jahresringe

Das Leben des Baumes am Beispiel einer Kiefer

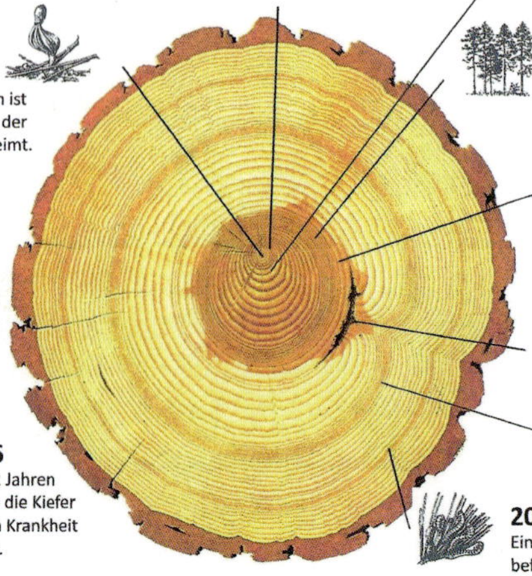

1954
Der Baum ist geboren, der Samen keimt.

1959
Ohne Störungen wächst der Baum relativ schnell. Frühjahre und Sommer bringen ausreichend Regen und Sonne.
Die Jahresringe sind breit und gleichmäßig.

1964
Als der Baum 10 Jahre alt ist, drückt irgendetwas gegen ihn. Er lehnt sich zur Seite und formt „reaktionsholz", da ihn stärker stützen soll.

1974
Der Baum wächst wieder gerade, doch Nachbarbäume behindern ihn in der Versorgung mit Wasser und Sonne.

1977
Andere Bäume neben ihm werden gefällt. Mehr Nahrung und Sonnenlicht lassen ihn wieder schneller wachsen.

1980
Ein Bodenfeuer läuft durch den Wald. Zum Glück hat der Baum überlebt. Seine Borke schützt die darunter liegende lebende Schicht. Jahr für Jahr wird die Wunde von neuem Holz überdeckt; sie überwallt.

1992
Diese engen Jahresringe sind wahrscheinlich Ergebnis einer längeren Trockenheit. Das Baumwachstum ist stark vermindert.

2007
Eine weitere Gruppe von engen Jahresringen kann auch durch Insektenbefall verursacht worden sein. Einige Insektenlarven fressen die Nadeln oder Knospen vieler Nadelbaumarten.

2016
Mit 62 Jahren wurde die Kiefer wegen Krankheit gefällt.

Frühling entsteht wieder ein hellerer Ring (**Jahresring**). Am Querschnitt des Stammes kann also einfach nachgezählt werden, wie alt ein Baum geworden ist.

Es gibt zahlreiche weitere Hinweise zur Lebensgeschichte eines jeden Baumes. Wenn der Mittelpunkt nicht zentrisch liegt, hat der Baum möglicherweise einen Bedränger gehabt oder er stand am Rand, wo einseitig bessere Wuchsbedingungen herrschten. Brandspuren können ebenso eingewachsen sein wie Wildverbiss. Auch extrem nasse Sommer oder kalte Winter hinterlassen ihre Spuren, was für Klimaforscher ein wichtiger Hinweis sein kann.

Die Haltbarkeit des Holzes (speziell bei der Ulme) wird durch die Füllzellen erheblich erhöht. Konzentrisch um das Kernholz herum verläuft das rindennahe, wasserführende Holz (**Splintholz**), es ist relativ hell. Besonders deutliche Unterschiede in der Farbe zwischen Kernholz und Splintholz zeigen „Kernholzbäume", zum Beispiel: Douglasie, Eberesche, Eiche, Esche, Kirschbaum, Kiefer, Lärche, Robinie, Pappel, Platane, Walnuss und Weide. Dagegen sind bei der Fichte als **Reifholzbaum** Kernholz und Splintholz farbgleich. Das Reifholz ist allerdings wenig dauerhaft. Zu diesen „obligatorischen Verkernern" kommen die „fakultativen Verkerner" (früher „echtes Kernholz"

Falschkern

bzw. „Falschkern“), dazu gehören zum Beispiel die Buche (Rotkern) und die Esche (Braunkern). Ein **Falschkern** entsteht durch Verletzung des Baumes oder durch Trockenheit, wodurch sich die Gefäße und Zellen mit Luft füllen und oxidieren. Die Zellwände werden nicht imprägniert, weshalb auch keine erhöhte Dauerhaftigkeit entsteht. Anders als bei der Fäulnis, bleibt die Festigkeit des Holzes jedoch bestehen.

Der Falschkern ist ein optischer Holzfehler, der stark wertmindernd ist. Er schließt nicht mit einem Jahresring ab, sondern weist wolkige Ausbuchtungen auf, dadurch entsteht eine lebendigere Maserung. Insbesondere Kleinmöbel wie Tische, Schränkchen oder Betten wirken dadurch besonders ansprechend. Allerdings bevorzugt der Verbraucher derzeit klare, gerade Strukturen. Außer den fäuleerregenden Pilzen (*Kernpilze*), schadet den Bäumen noch der den Borkenkäfern verwandte *Kernholzkäfer* (Kernkäfer), indem er Fraßgänge in das **Kernholz** bohrt.

Schön wäre es natürlich, wenn Eigentümer und Vermarkter wüssten, welche Baumart in 100 oder 200 Jahren auch verkauft werden kann. Ein Beispiel ist die heute 80-jährige Fichte. Sie wurde als relativ schnell wachsende Baumart häufig gepflanzt, die Verwendung nach dem Zweiten

Fichte

Weltkrieg unterscheidet sich jedoch erheblich von der heutigen Nutzung. Unter anderem musste der Entwaldung, zum Beispiel durch **„Reparationshiebe“**, etwas entgegengesetzt werden. Reparationshiebe waren nach den Weltkriegen Kahlschläge der Siegermächte (hauptsächlich von Frankreich und den BeNeLux-Staaten), die als Ausgleich zu den im Krieg angerichteten Schäden angesehen wurden. Aus diesem Grund wurden in den 50er Jahren Waldbesitzer in einigen Bundesländern dazu verpflichtet, die Fichte in Reinkultur anzubauen.

Die **Fichte** ist die wichtigste der genutzten Baumarten. Sie ist immer noch der Brotbaum der Forstwirtschaft. Sie stellt nur geringe Ansprüche an den Standort (toll ist für sie ein „Nasser Kopf“) und punktet zugleich mit einer guten Verwendbarkeit des Holzes. Es ist das wichtigste Bauholz (z. B. für Dachstühle, Bretter, Schalholz), Möbelholz (FiTa mit Tanne), Sperrholz, Leimholz und Brennholz. Außerdem lassen sich daraus Faserplatten herstellen. Wegen der langen Holzfasern ist die Fichte ideal zur Herstellung von Papier und Zellulose geeignet. Mit engen Jahresringen wird sie zum Klangholz für Tasteninstrumente sowie bei Zupf- und Streichinstrumenten und dient darüber hinaus als Weihnachtsbaum (Weihnachtslied neu getextet: „Oh Fichtenbaum, oh Fichtenbaum...“). Fichtenwälder im Hochgebirge sind Schutzwälder vor Lawinen und Steinschlägen. Im Rahmen der Klimaerwärmung sollte sich die Fichte in den höheren, kühleren Alpenraum zurückziehen.

Für die **Buche** ist dagegen ein größerer Temperaturbereich optimal (größere „**Temperaturelastizität**“). In den letzten 20 Jahren ist sie so richtig in Mode gekommen. Sie wächst deutlich langsamer als die Fichte und benötigt deutlich mehr Pflege. Zur Erzeugung hochwertigen Holzes muss sie immer wieder freigestellt werden (Bedränger entfernen!). Ein Merkspruch dazu lautet: „Willst Du, dass Deine Erben fluchen, pflanze

Buche

Buchen, Buchen, Buchen.“ Zur Erziehung von Wertholz muss sie „aufgeastet“ werden: Schon am dünnen Stämmchen müssen die tiefen Äste entfernt werden, sodass diese später keine Astlöcher hinterlassen, wenn die Bäume zu Brettern verarbeitet werden. Die Buche ist auch vor Krankheiten nicht gefeit. Diese werden als „**Buchenkomplexkrankheit**“ zusammengefasst, weil meistens eine Krankheit der anderen folgt. Häufig bilden sich bei trockenen Zeiträumen im Feinwurzelbereich Luftbläschen (Embolien), welche die Wasserversorgung stören und zur Schwächung der Bäume führen. Diese sind dann anfälliger für weitere Schäden und Krankheiten, verursacht unter anderem durch Pilze, Borkenkäfer und Splintkäfer. Das Vorstadium aller Käferarten sind übrigens die Larven, deren Name sich aus der Gesichtsmaske (Larve) entwickelt hat, hinter der sich die Insekten verbergen, um sich anschließend zum Beispiel zu einem Schmetterling zu entwickeln.

Auf diese Schädlinge weisen häufig auch die Spechthöhlen in Buchen hin. Sollten weiterhin verstärkt Sommerstürme über unsere Breiten ziehen, besteht bei Buchen aufgrund ihrer großen belaubten Krone außerdem eine extreme Windwurfgefahr. Im Sommer werden am Baum die Angriffsfläche und der Schwerpunkt durch das Laub deutlich nach oben verschoben. Obwohl das Buchenlaub recht schnell zersetzt wird, wachsen im Buchenwald nur selten Gräser, da sich ein Kronenschluss bildet („**Hallenwald**") und damit wenig Licht auf den Boden fällt.

Die Buche ist eine typische Schattenbaumart und wächst so (wenn auch langsam) unter dem Schirm einer „vorwüchsigen Lichtbaumart". Wird die Buche zum Beispiel mit Lärchen gemischt angebaut, bleibt sie deutlich zurück, erzieht aber die Lärche zur Astfreiheit (keine „Wasserreiser"). Im Alter benötigt sie etwas mehr Licht, bis dahin ist die Lärche schon schlagreif.

Kiefer

Übrigens soll der Name „**Buch**stabe" von Buchenstäbchen (mit eingeritzten Zeichen), die für den Druck genutzt wurden, abgeleitet worden sein. Das „Buch" entstand aus mehreren Holztafeln, die mit Riemen zusammengebunden wurden. Und dann gibt es da noch die „**Buch**ung", die der „**Buch**halter" in die Rechnungs**bücher** einträgt und die dann „zu **Buche** schlagen". Bei der Redensart „Wie es im **Buche** steht", ist eigentlich die Bibel gemeint.

Die dritte der „Big 4"-Baumarten ist die **Kiefer**, eine vor allem auf der Nordhalbkugel verbreitete Lichtbaumart. Sie ist anspruchslos und gutwüchsig, weshalb sie auf den sandigen Böden vor allem im Osten der

Bundesrepublik gepflanzt wird. Wie bei allen Nutzbaumarten ist ein gerader Schaft Voraussetzung für den Wert. Die Verwendung ist analog zu der Fichte. Aufgrund seines hohen Harzgehalts wird das Holz im Außenbereich zum Beispiel für Zäune, Spielgeräte und Masten genutzt. Es ist wenig anfällig gegen Feuchtigkeit, sogar für Rammpfähle im Wasser wird es benötigt. Allerdings bestehen die Pfähle, auf denen Venedig gebaut wurde, überwiegend aus Lärchenholz. Früher fand die Kiefer Verwendung im Bergbau sowie zur Harz- und Pechgewinnung, das Splintholz wurde als Kienspan genutzt. In Korea und Japan stehen Kiefern für Stärke und Geduld. Häufig werden Erkrankungen der Kiefer an ihrer „Storchennest"-Krone erkannt. Dabei wird das Höhenwachstum eingestellt und die Baumkrone flacht in der Wipfelpartie ab. Auslöser sind erhöhte Immissionen (Schwefeldioxid), Klimastress und Sekundärschädlinge wie Borkenkäfer.

Und als Krönung die Deutsche **Eiche**! Für deutsche Geschichtsschreiber ist sie die wichtigste Baumart überhaupt. In Mitteleuropa kommen hauptsächlich die Stieleiche und die Traubeneiche einzeln oder gemeinsam vor, wobei sie sich auch untereinander vermischen (Bastardisierung). In den europäischen Religionen ist sie ein heiliger Baum.

Traubeneiche

Im Christentum ist die Eiche der Lebensbaum, da ein Eichenleben 30 menschliche Generationen zählt. Die Griechen weihten sie dem Göttervater Zeus, die Römer dem Jupiter, die Kelten dem Himmels- und Wettergott Taranis und die Germanen dem Wettergott Donar. Aus dem gleichen Grund wurde unter Eichen auch Recht gesprochen. Militärische Abzeichen und Ehrenzeichen tragen das „Eichenlaub" genau wie deutsche Münzen, auch auf heutigen Ein-, Zwei- und Fünf-Cent-Münzen wird es abgebildet. Bis in die Mitte des 18. Jahrhunderts wurden Weidetiere vorwiegend in die Eichenwälder getrieben.

Hutewald

Es entstand der so genannte **Hutewald**. Als Hutewald (Schachten, Waldweide, Weidewald) werden solche Wälder bezeichnet, auf denen ein Hüterecht (Weiderecht) lag. Dies waren meistens Wälder aus breitkronigen Ahornen, Buchen und Eichen sowie im Gebirge Fichten und Lärchen. Sie enthielten viele abgestorbene Bäume, sodass sich auf den belichteten Waldböden eine krautige Flora entwickeln konnte. Im Jahresverlauf wurden die Haustiere zunächst auf die Weiden getrieben. Nachdem diese einigermaßen kahl waren, wuchsen diese nach, bis sie für den Winter gemäht wurden. Inzwischen wurden die Tiere in den (Hute-)Wald getrieben, im Herbst dann wieder auf die Weide. Im Wald wurden sie gemästet, vorzugsweise mit den Früchten der Eichen und der Buchen (Eicheln und Bucheckern). Diese sind sehr reich an Eiweißen und Kohlenhydraten. Die Haustiere haben aber auch die Bäume reichlich verbissen und durch die Entfernung der obersten Humusauflage die Pufferwirkung des Bodens erheblich geschwächt (Bodenversauerung). Zusätzlich trat Bodenverdichtung auf, sodass heute die Nutzung von Wäldern als Hutewald normalerweise gesetzlich verboten ist.

Die meiste und beste Mast warf der größte und kräftigste Baum ab, der **Mastbaum**! Das war natürlich auch der Baum, der bei Schiffsbauern sehr beliebt war, um Segel daran aufzuhängen. Ein Ziel des Naturschutzes ist die Erhaltung der Hutewälder aus kultureller Sicht.

Übrigens ist der Merkspruch „Eichen sollst du weichen, Buchen sollst du suchen“ unwahr. Dieser lässt sich auf die falsche Annahme, dass Eichen häufiger vom Blitz getroffen werden als Buchen, zurückführen.

Für den Bewirtschafter des Waldes ist die Lichtbaumart Eiche deutlich weniger mystisch. Eichenholz ist im inneren Kernholz grau, zur Rinde hin scharf abgegrenzt. Es ist hart und gut spaltbar. Gerade gewachsene, astfreie Stämme werden bevorzugt zu Furnieren verarbeitet. Das Kernholz ist äußerst beständig gegen Verrottung durch den hohen Gerbstoffgehalt. Daher die Redensart: „Was kümmert es die Eiche, wenn sich eine Wildsau an ihr schabt?“

Dagegen geht die Verrottung am Splint sehr schnell. Eichenholz wird für Möbel, Treppen, Fußböden, Außentüren und Fenster, Fachwerk, Weinfässer und im Wasserbau eingesetzt. Der Heizwert des Brennholzes ist etwas niedriger als der von Buchenholz. Wenn die Gerbstoffe (chemisch: Tannine aus Gallussäure) durch Kochen entfernt werden, können die Eicheln zu Mehlersatz gemahlen werden. Damit kann gebacken oder die Masse auch zu Bier vergoren werden. Werden sie vorher geröstet, kann daraus Kaffeeersatz hergestellt werden („Arme-Leute-Kaffee“, Muckefuck). Die Gerbstoffe wirken entzündungshemmend.

Die vorab genannte **Lichtbaumart** (Lichtholzart, Heliophyt) ist eine Bezeichnung für Baumarten, welche zum Wachsen mindestens 1/5 bis 1/10 des Außenlichts benötigen (Mindestlichtgenuss), um noch gedeihen zu können. Dazu gehören die Aspe, Birke, Eiche, Erle, Kiefer, Lärche, Pappel und Weide. Das größte Lichtbedürfnis hat die Europäische Lärche. Die Fichte benötigt bei zunehmendem Alter mehr Licht und zählt so zu den *Halbschattholzarten*. **Schattenbaumarten** benötigen dagegen zum Gedeihen nur 1/10 bis 1/100 des Außenlichts. Zu den langsam wachsenden Schattenbaumgehölzen zählen Buchen, Eiben, Linden und Tannen. Aber auch Ahorn, Esche, Linde und Ulme haben ein geringes Lichtbedürfnis.

Im Folgenden kurz einige weitere Baumarten:

Birke

Die **Birke** wird bis zu 120 Jahre alt. Von ihr sind etwa 30 Arten bekannt. Sie hat geringe Nährstoffansprüche, ist spätfrosthart, verträgt Trockenheit und ist deshalb sogar zur Bepflanzung von Dünen geeignet. Andererseits bildet sie aber auch den Moorwald. Sie ist rauchempfindlich und durch Windwurf gefährdet. In den meisten Gegenden ist sie hervorragend zur Naturverjüngung (auch durch Stockausschlag) geeignet, zählt aber wegen ihres geringen Wertes außer in Finnland und Russland häufig zu den „Unhölzern". Die Rinde ist weiß (idg.: berek = hellglänzend) und löst sich in horizontalen Bändern ab, am unteren Stammteil ist sie tiefrissig und die Stammform ist häufig krumm. Aus Birkenruten wurden Reiserbesen gefertigt. In Westfalen war es eine Art von Missachtung, „den Besen herauszustellen", in Süddeutschland dagegen weisen Reiserbesen eine Besenwirtschaft (Straußwirtschaft) aus, die als Gastbetrieb durch Winzer tageweise geöffnet ist. Birkenharz wurde als Kaugummi mit desinfizierender und berauschender Wirkung (Zylitol) schon vor 9.000 Jahren von Steinzeitmenschen verwendet. Aus dem Rindensekret wird Birkenwasser für die Kosmetik hergestellt. Das Holz ist geeignet als Furnierholz (Sperrholz, Deckfurniere), Ausstattungsholz (Parkett, Möbel, Vertäfelung), Spezialholz (Spanplatten, Zellstoff, Holznägel, Stiele, zum Drechseln), als Rührstange in der Kupferverhüttung und zur Gewinnung von Birkenölen und Teer. Durch die weiße Borke ist es am Kamin sehr dekorativ, weshalb Birkenholz als Brennholz verwendet wird. **Aber das kann richtig gefährlich werden**, da das Holz auch im frischen, nassen Zustand sehr leicht brennt. Es muss unbedingt richtig trocken sein, darf also nicht zu früh verwendet werden. Die verdampfende Feuchtigkeit führt im Rauch zu einem extrem hohen Wassergehalt vermengt mit den im Holz vorhandenen Ölen. Dieses Gemisch ist relativ kühl und kann im Kamin leicht kondensieren. Die nächsten Funken können zu einem Kaminbrand führen! Deshalb: **Unbedingt nur trockenes Holz verfeuern!**

Das natürliche Vorkommen der **Europäischen Lärche** ist auf einen Bereich von den Alpen bis über die Sudeten zur Tatra beschränkt. An ihr zeigt sich, wie wichtig es ist, beim Anbau auf die Herkunft zu achten. Das Klima im Anbaugebiet muss dem des natürlichen Verbreitungsgebietes möglichst ähnlich sein (kontinentales Klima). Die 1861 in Deutschland eingeführte **Japanische Lärche** ist deutlich unempfindlicher gegenüber dem Klima. Sie benötigt eher maritime Verhältnisse. Die Lärche und die nicht zu den Lärchen zählende Goldlärche (Falschname!) sind die einzigen Nadelbäume, die im Winter ihre Nadeln abwerfen, woraufhin diese kurzerhand zu Laub erklärt wurden. Die Lärche hat das größte Lichtbedürfnis aller hiesigen Baumarten. Das Holz wird vorwiegend als Furnierholz (Messerholz), Ausstattungsholz (Parkett, Möbel, Vertäfelung), Konstruktionsholz für Fensterrahmen, Türen, Treppen, Kühltürme sowie Rammpfähle im Erd-, Berg-, Wasser- und Brückenbau (Venedig steht großenteils auf Lärchenpfählen) verwendet. Darüber hinaus dient es als Spezialholz (Spanplatten, Fässer, Masten, Paneele, zum Drechseln) und wird zum Lawinenschutz genutzt. Eine Nebennutzungsform in der Alpenregion ist das **Schneiteln**, also der Rückschnitt von Bäumen zur Gewinnung der Triebe oder Blätter als Futter oder Einstreu. Durch Schneiteln werden nebenliegende Ackerflächen weniger beschattet. Aus Lärchen wird

Lärche

Tanne

ferner Lärchengummi (Kolofonium) und Lärchenterpentin zur pharmazeutischen Anwendung als Wundsalbe gewonnen. Der Name kommt vom Lateinischen „larix" (= Teer aus Holz) und ist als Abwandlung auch in Städtenamen enthalten. So gibt es beispielsweise zwei Ortschaften mit dem Namen „Laret" in der Schweiz und „Larzey" im Aostatal.

Die natürlichen Verbreitungsgebiete der **Tanne** sind die Gebirgslagen des südlichen Mitteleuropas. Sie ist nämlich gegen starke Winterfroste und Spätfroste empfindlich. In der Jugend ist die Tanne nur schwer von der Fichte zu unterscheiden. Die Nadeln der Weißtanne sind bis zu drei Zentimeter lang und haben unterseits zwei weiße Streifen. Die **Nordmanntanne** wurde 1840 in Deutschland aus dem Kaukasus eingeführt. Im Waldbau wird sie wegen größerer Schädlingsanfälligkeit selten verwendet; wegen ihrer gegenüber anderen Arten längeren und auffälligeren Nadeln ist sie jedoch als Weihnachtsbaum beliebt. Von den in Europa angebauten amerikanischen Arten ist als eine der wichtigsten die **Große Küstentanne** (Riesentanne) zu nennen, die ab 1831 aus dem westlichen Nordamerika nach Deutschland gebracht wurde. Sie wird in ihrer Heimat bis zu 90 Meter hoch, bei uns bis zu 35 Meter; sie hat geringe Niederschlagsansprüche. Die Verwendung gelingt häufig zusammen mit Fichte als Fi/Ta-Konstruktionsholz im Innen-, Erd- und Wasserbau. Ebenso wird es für Rammpfähle, als Holzwolleholz und Spezialholz für Musikinstrumente, Orgelpfeifen und Spankörbe genutzt.

Winterlinde

Die **Linde** besiedelt den größten Teil West-, Mittel- und Osteuropas. Im Baltikum hat sie optimale Wuchsbedingungen. In Deutschland kommt

Ahorn

sie an der norddeutschen Berglandschwelle, am Niederrhein, im Vogelsberg und Westerwald vor. Linden vermehren sich durch Stockausschlag und Wurzelbrut, aber auch über Wind- und Insektenbestäubung durch Samenverbreitung. Vor allem Linden, die in Städten als Straßenbäume wachsen, werden häufiger von der Lindenspinnmilbe befallen. Bei starkem Befall können die Bäume schon im Juli völlig entlaubt sein.

Der **Ahorn** zählt zu den wertvollsten einheimischen Edellaubhölzern und tritt seit dem Tertiär hier auf. Er wächst in der Jugend schnell, kann aber ab dem Alter von 25 Jahren bereits von der Buche eingeholt werden. Er hat meist fünf- (manchmal sieben-) lappige, selten ungelappte oder gefiederte (in Amerika: Eschenahorn), spitze Blätter (lat.: acer = spitz) und eine aus zwei Flügelfrüchten zusammengesetzte Frucht. Der Bergahorn kommt in ost-, mittel- und südeuropäischen Gebirgen, aber auch auf eiszeitlichen Böden der norddeutschen Tiefebene vor. Er stellt hohe Ansprüche an die Nährstoffversorgung. Die hohen, aus Luftverunreinigungen stammenden Stickstoffeinträge begünstigen den Bergahorn, wobei auch hier der Spruch gilt: „Dicke Kinder sind nicht unbedingt gesunde Kinder“. Das gehobelte Holz hat einen seidenartigen Glanz. Eine begehrte Variante ist das sehr seltene, *„geriegelte“* Holz. Der **Riegelwuchs** ist eine Wachstumsanomalie mit welligem Faserverlauf, wodurch das Holz quergestreift erscheint. Für einen Riegelahornstamm wurden schon mehr als 13.000 €/fm bezahlt. Am stehenden Holz kann ein Riegelwuchs übrigens nicht erkannt werden. Ahornholz wird für Möbelfurniere, massive Tischplatten, Küchengeräte, Resonanzholz im Lawinenschutz und als Drechslerholz verwendet. Aus dem Zuckerahorn oder dem Silberahorn wird in Kanada außer Holz durch Anzapfen der Leitungsbahnen der *Ahornsaft*, *-sirup* und *-zucker* gewonnen. Der Baum sollte dafür mindestens einen Durchmesser von 25 cm haben. In der Hauptwuchszeit ergeben sich circa 40 Liter Flüssigkeit, bzw. ein Liter Sirup. Dieser wird wegen seines feinen Geschmacks höher bewertet als andere Zuckersorten. Allerdings sind in den Blättern und Blüten Saponine enthalten, sie wirken als Schutz gegen Schädlinge. Saponine dürfen nicht in die Blutbahn gelangen, da schon geringe Mengen zur Zerstörung der roten Blutkörperchen führen.

Von den **Weiden** kommen mehr als 40 Arten in Mitteleuropa seit dem Tertiär vor. Nur die **Baumweiden** sind als schnellwachsende Baumarten von wirtschaftlicher Bedeutung. Sie zählen einerseits zu den Unhöl-

Weide

zern (ähnlich den Unkräutern), andererseits dienen sie dem Wild als Äsungsgehölze. Als typische Lichtholzart sind sie Pionierpflanzen und bevorzugen lockere, tiefgründige, feuchte Böden an Fluss, Bach- und Teichufern sowie in Mooren und im Auenwald. Sie haben meist Pfahlwurzeln mit Wurzelknöllchen. Das Holz ist nur wenig dauerhaft und nicht witterungsfest, die Trocknung verläuft gut, es neigt nur gering zum Reißen. Es wird vielfältig verwendet und dient als Furnierholz (Schälholz) und Spezialholz (Span- und Faserplatten, für Papier- und Zellstoff, Zündhölzer, Sportgeräte, Prothesen und zum Schnitzen). Unter dem Sammelbegriff **Flechtweiden** sind die Korbweide und die Salweide bekannt. Ihre langen, biegsamen Zweige (Ruten) dienen zur Herstellung von Körben und Flechtmöbeln. Die Rinde enthält das Salicylsäure-Glycosid Salizin (lat. Name der Weide ist Salix) zum Gerben von Leder. Weiden sind, bei passendem Standort, sehr geeignet zur Gestaltung von Waldrändern und Ufern, da sie Überschwemmung und Spätfrost ertragen, den Vögeln Deckung bieten und von März bis April eine Bienenweide sind. Während der Name des Graslandes „Weide" auf den germanischen Wortstamm „weidja" hindeutet, der ursprünglich „Jagd" (Waidwerk) bedeutete und im Sinne von „Futter-, Fressplatz" verwendet wurde, geht der Name des Baumes auf das Althochdeutsche „wida" und das Lateinische „viere" (= binden, flechten) zurück.

Douglasie

Die **Douglasie** hat der schottische Botaniker (Entdecker) D. Douglas (1798 – 1834) im Jahr 1827 nach England gebracht, 1879 kam sie schließlich nach Deutschland. Auch im englischen Sprachgebrauch findet häufig eine Verwechslung mit der Fichte statt (Douglas fir, Oregon pine, Oregon spruce). Sie zählt zu den *Kieferngewächsen* und stammt aus Ostasien und Nordamerika. In Mitteleuropa ist sie wohl zwischen den Eiszeiten ausgestorben. Die Douglasie bildet viele Anpassungsformen an bestimmte Umweltgegebenheiten aus. Das Wachstum wird durch milde Winter, mäßig warme Sommer und eine lange Vegetationszeit besonders gefördert. Vor allem verträgt sie keine Überflutungen. Die Douglasie bildet sehr wertvolles Furnierholz, Ausstattungsholz (Parkett, Möbel, Vertäfelung), Konstruktionsholz für mittlere Beanspruchung im Innen-, Erd- und Wasserbau, für Fenster, Türen und Fußböden sowie Spezialholz (Masten, Rammpfähle, Schwellen, Fässer). Es ist allerdings im Kern besser zu imprägnieren als Fichtenholz und wird als das beste Holz zum Bau von Dachstühlen angesehen.

Schwarzpappel

Bei den mehr als dreißig Arten der **Pappel**, die auf der Erde vorkommen, zählen vor allem Balsampappeln als „Waldpappeln". Daneben kommen auch Weißpappeln (Aspen) vor. Schwarzpappeln dagegen sind außerordentlich empfindlich gegenüber der Konkurrenz anderer Bäume und so keine wirklichen Waldbäume. Aspen sind erheblich unempfindlicher, auch bei Klimaänderungen. Übrigens tragen der Blattstiel und die Form Schuld daran, dass die Blätter ständig in Bewegung sind. Daher die Redewendung: „Zittert wie Espenlaub" (vor Kälte oder vor Angst). Die Pappeln sind die raschwüchsigsten heimischen Nutzbaumarten mit einer **Umtriebszeit** von minimal 30 Jahren bei optimalen Bodenverhältnissen (normal: 40 – 50 Jahre), wobei sie eine Wuchshöhe von 25 bis 30 Metern erreichen. Sie zählen zu den Weichhölzern und werden hauptsächlich durch Stockausschlag, Stecklingsvermehrung sowie über die Bildung von Wurzelbrut vermehrt. Die geschlechtliche Vermehrung verläuft weniger gut, da die Keimlinge äußerst empfindlich sind. Die Befruchtung erfolgt durch Windbestäubung. Übrigens kann die Pappel bis zu 500 Liter Wasser am Tag durch den Baum pumpen. Zur besseren Spezialisierung auf die Bodenverhältnisse und zur Verbesserung der Resistenz gegen Schädlinge wurden mehr als 800 Arthybride (z.B. mit Balsampappel, Grau- und Schwarzpappel) und zum Teil Mehrfach-Klone (z.B. mit Aspe) gezüchtet. Das **Klonen** (altgriechisch: klon = Zweig) ist definiert als die „Erzeugung eines oder mehrerer genetisch identischer Individuen von Lebewesen" aus der ungeschlechtlichen Fortpflanzung. Sie werden zur Verbesserung der Resistenz gegen Schädlinge und zur besseren Anpassung an die vorhandenen Nährstoffe gezüchtet. Zur weiteren Verbesserung der Resistenz sind **Mehrklonsorten** einzelner Arten im Handel. Als Mehrklonsorte wird eine Gruppe einander ähnlicher Klone mit bis zu 20 Sorten bei 100 Bäumen bezeichnet. Besonders leistungsfähige Klone werden in sogenannten *Hochzuchtplantagen* gezogen. Allerdings treten nach längerer vegetativer Vermehrung Alterserscheinungen der Sorten auf (Klonalterung). Die Nachkommenschaft ist genetisch identisch und wird sowohl bei Organismen als auch bei Zellen als *Klon* bezeichnet. Das Erzeugen von identischen Kopien einer DNA wird hingegen *Klonieren* genannt. Aber auch auf natürliche Art können bei scharfer Anwendung der Begrifflichkeit „Klone" entstehen. Das sind eineiige Zwillinge, die sich durch Teilen der „Zygote" (z.B. befruchtete Eizelle) und getrennte Entwicklung der „Tochterzygoten" zu eigenständigen Embryonen entwickeln. Streng genommen ist Klonen nichts anderes als die biochemische **Gentechnik**, nur über einen längeren Zeitraum und nicht im Labor.

Erle

Die **Erle** kommt seit 50 bis 60 Millionen Jahren in Europa und Nordafrika vor. Etwa 30 Arten sind bekannt, drei Arten davon in Mitteleuropa. Sie benötigt frische, tiefgründige, meist kalkarme, nicht allzu nährstoff- und humusreiche Böden und ist ein Pionier im Verlandungsbereich von Gewässern und auf Dünen, Nasswiesen und in Mooren. Allerdings verträgt die Weißerle auch Trockenheit. Erlen sind ausgesprochene Lichtbaumarten und spätfrosthart. Ihre Wurzeln leben in Symbiose mit Bakterien. Diese bilden Verdickungen (Wurzelknöllchen), mittels derer sie den Luft-Stickstoff binden und eine stickstoffhaltige Streu für die Gründüngung liefern. Erlen sind sehr geeignet zur Gestaltung von Waldrändern, da sie leicht feuerhemmend wirken, gut Überschwemmung und Rauch sowie andere Emissionen ertragen und den Vögeln sowie den Bienen im April sehr gut Nahrung bieten. Nach etwa 100 Jahren ist sie schlagreif und hat dann eine Höhe von etwa 30 Metern. Die Rinde ist in der Jugend glatt und graugrün mit hellem Schimmer, im Alter längsrissig; die Stammform ist häufig krumm, verzwieselt und drehwüchsig. Das Holz ist nach der Fällung orangerot, an der Luft später rötlichbraun. Es ist unter Wasser sehr dauerhaft, jedoch nicht witterungsbeständig sowie pilz- und insektenanfällig. Verwendet wird es als Furnierholz, Konstruktionsholz für Wasserbauten, für Spanplatten, Zellstoff, Bleistifte, Hutformen, Spielwaren und zum Drechseln. In Höhen von bis zu 2.800 Metern dient sie dem Lawinenschutz, die Schwarzerle kann Bodenverdichtungen gut auflösen.

Die **Esche** zählt wie der Liguster zu den *Ölbaumgewächsen*. Etwa 35 Arten sind bekannt. Ihre Blätter sind unpaarig gefiedert, mit 9 bis 15 gegenständigen, länglichen, sägezahnigen Fiederblättchen. Die Gemeine Esche ist in der Jugend eine Halbschattbaumart, wird aber bald zur Lichtholzart und stellt hohe Nährstoffansprüche. Sie liebt frische Böden und ist hauptsächlich in Niederungen flussbegleitend (Wasseresche). Im Auenwald und den Hartholzauen, im Hangfußwald und im Schluchtwald ist sie auch auf trockenen, kalkreichen, flachgründigen Standorten (Kalkesche) anzutreffen. Die Gemeine Esche zählt zu den Äsungsgehölzen und ist als

Esche

aus „schlafenden Knospen" (Wasserreiser), die bei der Verwendung als Furnierholz früh entfernt werden müssen. Darüber hinaus dient sie als Konstruktionsholz für mittlere Beanspruchung im Innenbau, als Spezialholz (Stiele, Sprossen, Fässer, Sportgeräte, Boots-, Maschinen-, Fahrzeug-, Waggon- und Flugzeugbau) und zum Drechseln. Der Name Esche stammt wie Eiche von dem lateinischen Wort „esca" (= essen, da ihr Laub auch als Futter verwendet wurde) ab. Er ist, als „Asch(e)..." leicht abgewandelt, in vielen Ortsnamen enthalten. In der germanischen Mythologie leben alle Fabelwesen an und in der Weltesche Yggdrasil. Eine Bauernregel besagt: „Kommt die Erle vor der Esche, hält der Sommer große Wäsche." Wenn also im Frühjahr die Erle vor der Esche austreibt, soll es ein nasser Sommer werden.

rauchempfindlich einzustufen. Aktuell leidet die Esche unter Pilzbefall, welcher die Wasserversorgung des Astes unterbricht und so junge Eschen absterben lässt sowie alte Bäume massiv schwächt. Sie ist nur wenig dauerhaft und nicht witterungsfest. Das Kernholz ist gelblich bis rötlichweiß, manchmal olivgrün (Olivesche), das Splintholz ist weißlich und breit; die Rinde ist in der Jugend glatt und graugrün, im Alter schuppenborkig. Die Stammform ist häufig krumm. Sie bildet Ästchen

Wäre der Wald nur zur Holzversorgung, zum Landschaftsschutz und zum Aufenthalt für Menschen und Tiere da, hätte er bereits große Aufgaben zu erfüllen. Aber er liefert auch noch Früchte und Kräuter, die teilweise noch immer als Nahrung für den Menschen dienen. Im Schatten der Bäume kommen nur spezialisierte Pflanzen und Sämereien zurecht. Bei den **Früchten des Waldes** ist zu denken an Pilze, Beeren, Eicheln, Bucheckern, Walnüsse und Edelkastanien.

Waldpilze

Waldnüsse

Waldbeeren

Alle diese Früchte sind Eigentum des Waldeigentümers (!), erlaubt ist die Ernte in „haushaltsüblichen Mengen", eine äußerst schwammige Festsetzung, die schon zu vielen Gerichtsverfahren geführt hat. Der §39 Bundesnaturschutzgesetz behandelt die sogenannte Handstraußregel. Nach Absatz 3 darf jedermann wild lebende Blumen, Gräser, Farne, Moose, Flechten, Früchte, Pilze, Tee- und Heilkräuter sowie Zweige wild lebender Pflanzen aus der Natur an Stellen, die keinem Betretungsverbot unterliegen, in geringen Mengen für den persönlichen Bedarf pfleglich entnehmen und sich aneignen.

Die „gewerbsmäßige Ernte" ist aber in jedem Fall verboten und wird erheblich bestraft. Selbstverständlich sind Früchte, die unter Naturschutz stehen, von der Ernte ausgenommen. Die verschiedenen Früchte bevorzugen unterschiedliche Lebensräume. Auch die Kultivierung des Bodens spielt eine Rolle. Birken, Tannen und Buchen sind ein beliebter Pilz-Standort, während zum Beispiel Eschen, Erlen und Linden für Pilze uninteressant sind. Aus Eicheln lassen sich Mehl oder „Kaffee" zubereiten. Sogar die Triebe von Nadelbäumen können nützlich sein. Aus den jungen Spitzen der Fichten beispielsweise kann ein würziges Gelee zubereitet werden. Der Oberbegriff für etherische Öle, die aus Trieben, Nadeln oder Zapfen von Nadelbäumen mit Wasserdampf destilliert werden, ist **Fichtennadelöl**. Produzenten sind Fichten, Lärchen und Kiefern. Besonders bekannt ist das Latschenkiefernöl, das medizinisch als Badezusatz, Spray und Inhalationsmittel genutzt wird. Durch die antiseptischen Eigenschaften wirkt es schleimlösend, durchblutungsfördernd und entzündungshemmend, aus einer Tonne Rohmaterial können etwa 2 bis 2,5 Liter etherisches Öl gewonnen werden. Es lindert aber nicht nur Erkrankungen der Atemwege und schafft Erleichterung bei grippalen Infekten, verstopfter Nase und Bronchitis, sondern auch bei Muskelschmerzen (teilweise mit Arnika). Auch als Raumdeodorant werden fichtennadelölhaltige Zubereitungen verwendet, beispielsweise in Duftlampen. Neben den Nadeln sind auch die Knospen essbar, wie auch die von einigen anderen Bäumen, zum Beispiel der Linde. Außer den Früchten der Bäume wächst im Wald häufig jede Menge Beerenobst. Es sind in der Regel „Pionierpflanzen", die reichlich Licht brauchen und so in lichten Wäldern, auf Lichtungen oder nach Kalamitäten gedeihen. Zu denken ist an Berberitzen, Brombeeren, Heidelbeeren, Himbeeren, Holunder, rote Johannisbeeren, Preiselbeeren, Schlehen, Walderdbeeren und Wildrosen. Übrigens bedeutet umgangssprachlich „in die Beeren gehen" ein Stelldichein zu haben.

Im Wald darf natürlich auch die **Hagezusse** (heute besser bekannt als „Hexe") nicht fehlen. Es sind aber nicht die Hexen gemeint, die böse Menschen in Frösche verwandeln oder in irgendwelche Transformers. Es gibt schließlich auch die guten Hexen wie zum Beispiel Befana, die am sechsten Januar auf der Suche nach dem Jesuskind den Kindern Geschenke vorbeibringt. An dieser Stelle hier sind allerdings Frauen gemeint, für welche die Feldarbeit im Alter zu schwer wurde, und die sich anderweitig nützlich machen konnten. Sie schlichen um die Hecken (engl.: Hag = Hecke) und sammelten Kräuter, die Krankheiten heilen. Die althochdeutsche Bedeutung des Wortes Hagezusse ist etwa „Frau, die hinter den Hecken hervorschaut". Bei solchem Verhalten ist verständli-

cherweise die Umgebung irritiert, sodass der Hexen-Aberglaube aufkam und bestimmte Kräuter zum Beispiel als Schutz gegen Flüche mit ins Haus genommen wurden.

Mit dem vor allem für Pferde giftigen **Gundermann** (Gundelrebe) wurden tanzende Elfen sichtbar und der **Weißdorn** galt als Unwetterschutz. Gundermann kann gekocht als Hustentee getrunken werden und dient als Wundheilkraut vor allem für vereiterte Wunden (ahd. Gund = Eiter). Weitere beliebte Kräuter sind Bärlauch, Giersch, Knoblauchsrauke, Majoran, Taubnessel, Thymian und Waldmeister. Der **Giersch** ist zwar als äußerst lästiges Unkraut im Garten bekannt, er enthält aber doppelt so viel Vitamin C wie der Grünkohl. Die an Vitamin C reichste Frucht ist allerdings die Hagebutte, die Frucht der Rose. Von ihr handelt das Kinderrätsel in Liedform aus dem 16. Jahrhundert: „Ein Männlein steht im Walde".

Zarte Kräuter werden direkt nach dem Austrieb im Frühjahr geerntet, am würzigsten schmecken die meisten Arten jedoch zur Blütezeit. Aber auch hier gilt: „Vorsicht!" Die Pflanzen dürfen nicht ausgerissen werden, es gelten die „haushaltsübliche Menge" und das Verbot der Ernte von geschützten Arten. Krankheitsüberträger wie der Fuchsbandwurm

Gundermann

können abgewehrt werden, indem die Kräuter erhitzt oder sogar eingekocht werden. Der Fuchsbandwurm ist der Auslöser einer lebensgefährlichen und deshalb nichtnamentlich meldepflichtigen Wurmerkrankung des Menschen. Die Eier des Fuchsbandwurms kommen mit dem Urin des Fuchses auf die Pflanzen, ab 50 cm Höhe sollte sich das Problem also erledigt haben. Viele Krankheitserreger können auch schon durch intensives Abwaschen entfernt werden. Aus Wildkräutern werden häufig die grünen Smoothies hergestellt. Daneben dürfen keinesfalls die Liköre und Brände aus Beeren und Kräutern vergessen werden.

Statt sich – wie am Anfang beschrieben – in einen Ameisenhaufen zu setzen, wird sich besser auf **Moos** gesetzt. Es heißt in der Studentensprache: „Ohne Moos nix los", dabei wird sich allerdings auf Moses bezogen. Eigentlich ist jedoch das jüdische Wort „maos“ (= Geld) gemeint. Moose sind zusammen mit den Farnen und Flechten die ältesten, lebenden Pflanzen der Erde. Sie können mehrere tausend Jahre alt werden, in der Antarktis wurde circa 10.000 Jahre altes Rindenmoos gefunden. Die Moospolster bestehen aus vielen einzelnen Pflanzen, die in den Zellen ihrer Blätter das bis zu 35-fache Gewicht an Wasser speichern können. Die wurzellosen Moose haben stattdessen Zellfäden, die nur zur Halterung dienen. Abgestorbene Pflanzen werden kaum zersetzt, sodass sich gerade in Mooren große Torflager bilden, die früher als Brennmaterial, zur Wundbehandlung und als Toilettenpapier verwendet wurden. Heute dienen sie der Bodenverbesserung in Gärten. Moospolster bieten Raum für zum Beispiel Ameisen, Asseln, Spinnen, Springschwänze, Schnecken und einige Käfer. Viele Moose stehen unter Naturschutz und dürfen nicht gesammelt werden, wie etwa Hainmoose, Torfmoose und Weißmoose. Zu ihrer Entwicklung wird Totholz im Wald belassen, auf dem sie sich ausbreiten. In Bayern werden häufig Moore als „Moos“ bezeichnet (Hallbergmoos).

An dieser Stelle soll kurz auf die **Rote Liste gefährdeter Arten** eingegangen werden. Sie ist im Naturschutz die Bezeichnung für eine ständig aktualisierte Übersicht über gefährdete Pflanzen und Tiere mit Angabe des Gefährdungsgrades. Sie wird seit 1971 im Auftrag der *I*nternational *U*nion for *C*onservation of *N*ature and Natural Resources (IUCN) herausgegeben, für Deutschland vom Bundesamt für Naturschutz in derzeit acht Bänden. Jede in die Rote Liste aufgenommene Art wird charakterisiert und ihr Gefährdungsfaktor angegeben. Als *ausgestorben* (engl.: extinct) gelten Arten, die seit 50 Jahren in Freiheit nicht gesehen worden sind, *gefährdet* (engl.: endangered) sind Arten, die wahrscheinlich ausgestorben sind oder deren Überleben unwahrscheinlich ist, wenn sich die betreffenden Faktoren nicht ändern; *empfindlich* (engl.: vulnerable) sind Arten, die wahrscheinlich in Zukunft gefährdet sind, wenn die Einflüsse fortbestehen; *selten* (engl.: rare) sind Arten mit weltweit kleinen Populationen; und *unbestimmt* (engl.: indeterminate) sind solche Arten, deren Daten zur Klassifizierung nicht ausreichen. In Deutschland sind sogenannte Gefährdungskategorien gebräuchlich: Kategorie 0 = seit mindestens 10 Jahren nicht gesehen; 1 = vom Aussterben bedroht (auch seltene Arten); 2 = stark gefährdet, in ganz Deutschland stark zurückgehende Populationen; 3 = gefährdet, lokal zurückgehende Populationen; 4 = potentiell gefährdet, kleine Populationen. Zusätzlich werden mit Kategorie I Vermehrungsgäste (z. B. selten brütende Vögel) bezeichnet und mit Kategorie II gefährdete Durchzügler und Gäste. Darüber hinaus soll die Rote Liste dabei helfen, den weltweiten Handel mit gefährdeten Arten zu unterbinden. In Deutschland sind von den Blütenpflanzen und Farnen etwa 30 % gefährdet (im Wald ca. 1–2 %), bei den Moosen sind es etwa 14 % (im Wald sehr wenige), bei den Großpilzen 36 % (fast ausschließlich im Wald), bei den Flechten circa 24 % (im Wald ca. 2 %) und bei den Süßwasseralgen sogar 90 %.

Alle der unter der Überschrift „Pflanzen im Wald" genannten Baumarten haben eins gemeinsam: sie müssen in die Erde, um wachsen zu können. Eine einfache Methode wäre es, sich auf die abfallenden Samen der Elterngeneration zu verlassen (**Naturaufschlag**) und abzuwarten. Damit ist es jedoch nicht getan, gerade wenn eine Änderung der Baumarten erreicht werden soll oder wenn zum Beispiel der Waldboden so sauer ist, dass sich kein Sämling entwickeln kann.

In solchen Fällen geht es nicht ohne **Pflanzung** (Aufforstung). Diese hat auch den Vorteil, dass die Kultur nachher einfacher zu bewirtschaften ist und die Reihen zum Beispiel im spitzen Winkel zur Rückegasse angelegt werden können, um die Fäll- und Rückeschäden zu verringern. Im Herbst oder späten Frühjahr, wenn die Erde noch oder wieder feucht ist, die Pflanze nicht mehr im Laub steht und gegebenenfalls die Spätfröste vorbei sind, wird mit der Pflanzung begonnen. Bei Böden ohne Steine und alte Wurzeln wird zu diesem Zweck zum **Hohlspaten** gegriffen, ansonsten wird sich der **Pflanzhaue** bedient.

Bei größeren Wurzelballen wird die Lochpflanzung bevorzugt, bei der ein Pflanzloch ausgestochen wird, um die Wurzeln nicht abzuknicken. Bei kleinerem Wurzelwerk reicht die Klemmpflanzung aus. Dabei wird der Erdballen gelockert und die Pflanze in den entstandenen Spalt geklemmt. Äußerst wichtig ist immer, dass die Wurzeln möglichst wenig deformiert werden und überall mit Erde Kontakt haben, da sie sonst absterben.

Bei größeren Flächen und befahrbarem Gelände kann eine **Pflanzmaschine** eingesetzt werden, je nach Bedarf mit vorgeschalteter Fräse und Mulcher zur **Bodenvorbereitung**. Zum Schutz vor dem Austrocknen sollten Pflanzenwurzeln nach der Anlieferung mit Erde bedeckt (eingeschlagen) werden. Neben dem Naturaufschlag und der Wurzelware gibt es die aufwändigste Pflanzung mit Pflanzen in einem zersetzbaren Topf (**Container**). Dabei kann kaum etwas falsch gemacht werden, es ist aber auch die mit Abstand teuerste Variante. Sie wird notwendig beim Pflanzen unter extremen Bedingungen. Allerdings wird bei Containerware nur mit 5 % Ausfall der Pflanzen, bei Wurzelware mit 10 – 15 % Ausfall gerechnet.

Nachdem alles schön wächst, kann der Förster für 100 Jahre alles sich selbst überlassen – so zumindest die Wunschvorstellung. In der Realität muss jedoch auch weiterhin ein großer Aufwand betrieben werden. Da ist einmal die **Bestandespflege**, die mit der **Läuterung** beginnt. Sie ist zur Steigerung der Güteleistung und Wertholzerziehung der Bäume notwendig. Dabei werden vorsichtig krankes Holz (z. B. auch Zwiesel), Schwachholz und unerwünschte Baumarten entnommen, und durch Auflichtung des Bestandes wird schon früh auf das Betriebsziel hingearbeitet. Die Methode, welche den Rücken am besten schont, ist der **Spacer**.

Das neue Betriebsziel sollte direkt nach der letzten Nutzung festgelegt werden. Es ist abhängig vom Boden, vom Klima und von der Bewertung der verbleibenden Baumart/-mischung zur Enkelgeneration. Der letzte Teil ist natürlich ein Blick in die Glaskugel. Nicht schädigende Baumarten sollten allerdings im Bestand belassen werden, da sie einer Verunkrautung entgegenwirken und eine erste natürliche Ästung vornehmen. Gearbeitet wird mit dem Beil, der Axt, der Motorsäge und dem Freischneider. Geld verdienen ist mit dem Holzverkauf bei diesem anfallenden Segment nur in seltenen Fällen möglich, zum Beispiel bei der Erzeugung von Hackschnitzeln. Aus Gründen des Naturschutzes sollte möglichst in der Zeit der Jungenaufzucht (April – Juni/Juli) auf eine Läuterung verzichtet werden, sie bringt Unruhe und zerstört gegebenenfalls die Nester im dünnen Geäst. Eine chemische oder biologische Läuterung mit **Arboriziden** (chemisch: Glyphosat, biologisch: Pilze) ist in Deutschland stark umstritten und wird eigentlich nicht mehr durchgeführt. In älteren Beständen wird anschließend an die Läuterung eine **Durchforstung** durchgeführt.

Containerpflanze

Waldarbeiter mit Spacer

Bei der Erstdurchforstung wird in das sogenannte Stangenholz eingegriffen. Hier kann schon eine Art der Vornutzung zur Bestandspflege durchgeführt werden. Hauptsächlich für Fichte und Douglasie wird eine Frühlichtung angewendet, zur Verkürzung der Umtriebszeit im Schnellwuchsbetrieb. Es muss darauf geachtet werden, dass künftig keine Astberührung zwischen den Kronen stattfinden kann. Verbleibende Bäume zeichnen sich durch gute Vitalität und Qualität des Holzes aus. Entfernt werden ungewünschte Vorwüchse (bei Nadelbäumen **Protzen**, bei Laubbäumen **Wölfe)** sowie **Zwiesel,** die genetisch oder durch Verletzung wie Verbiss oder Blitz entstanden sind und danach zwei Leittriebe ausgebildet haben. Außerdem werden sogenannte **Reiber**, zwischenständige Bäume, die durch Stammkontakt die Rinden anderer Bäume beschädigen, und **Peitscher** entfernt. Letztere haben schmalkronige Stämme, die durch die Bewegung ihrer Krone andere Bäume an der Rinde oder der Krone beschädigen. Auf kranke Bäume wird ebenfalls besonders geachtet.

Bei der Fichte werden vorläufig bis zu 400 Bäume/ha markiert, von denen im Endbestand noch 80 Zukunfts-Bäume (Z-Bäume) übrigbleiben. Im Interesse des Naturschutzes sollten auch abgestorbene Bäume nicht unbedingt entfernt werden. Bei dichten Beständen sind Sturm-

Manuelle Astung

Maschinelle Astung

schäden umso größer, je stärker die Durchforstung durchgeführt wurde („mäßig aber regelmäßig"), dagegen sind die Schäden durch Schneebruch allgemein geringer.

Zur Erziehung von Wertholz sollte eine **Astung** (Ästung, Aufastung) durchgeführt werden. Dabei werden Äste außerhalb der Vegetationsphase mit Astscheren oder Astsägen vom stehenden Holz entfernt, um ein weiteres Einwachsen des Astkegels in den Stamm zu verhindern. Aber auch hier gibt es inzwischen Maschinen, welche diese sehr zeitaufwendige Arbeit erledigen. Sie benötigen rund 10 Sekunden, um an einem 9 bis 23 cm dicken Baum hochzufahren und bis zu circa 3 cm dicke Äste zu entfernen. Dabei können die Messer leichten Krümmungen folgen und Stammverdickungen ausweichen, allerdings ist eine Verletzung der Borke bei stärkeren Krümmungen leicht möglich. Der Durchmesser sollte etwa „Bierdeckelgröße" haben (max. 16 – 20 cm). Die Höhe der Ästung sollte 8 Meter nicht übersteigen. Übrigens ist der Ast umgangssprachlich dem Buckel gleichgesetzt, es wird zuweilen davon gesprochen, „etwas auf den Ast zu nehmen" oder „sich einen Ast zu lachen".

Nach der Sommerpause im Wald geht es ab Oktober mit dem Jahreseinschlag los, ab dann brummt die Motorsäge und der Specht wird durch die berühmte „Axt im Walde" übertönt. Der Zeitpunkt hat 3 Gründe:

- Die Ernte auf den Feldern ist weitgehend abgeschlossen, sodass Zeit für den Wald aufgebracht werden kann.
- Der Safttransport in die Krone ist deutlich verringert. Das Laub ist abgefallen (Gewicht) und das Holz ist schon deutlich trockener (leichter zu sägen).
- Der nahende Winter lässt durch tiefere Temperaturen ein schonenderes Befahren des Waldbodens zu (natürlich auf „Rückegassen").

Aber der Reihe nach: Es gibt grundsätzlich die Möglichkeit, einen **Kahlschlag** durchzuführen. Der Vorteil ist der, dass keine langen Vorarbeiten nötig sind. Allerdings ist das Ergebnis daraus ein diffuses Gemisch unterschiedlicher Baumarten und -stärken. Also muss sehr sorgfältig sortiert werden, was der Sägewerker aber auf dem großen Polterplatz häufig besser kann. Die Fremdsortierung, gerade wenn sie durch den Käufer erfolgt, ist natürlich mit Preisabschlägen zu bezahlen. Ein weiterer Vorteil des Kahlschlags ist, dass nur mit ihm ein neues waldbauliches Konzept schnell umgesetzt werden kann. Hinsichtlich des Naturschutzgedankens ist der Kahlschlag jedoch kritisch zu bewerten. Er stellt einen erheblichen Eingriff in den Naturhaushalt dar, der sowohl das Waldklima als auch seine gewohnte Tier- und Pflanzenwelt betrifft. Aus diesen Gründen haben sich die großen Zertifizierungsgesellschaften für Wald- und Holzprodukte intensiv mit dem Thema beschäftigt, allerdings mit unterschiedlichem Ansatz. Während das **FSC**-System (Forest Stewardship Council) die Zertifizierung mit drei Kammern beschließt, mit deutlichem Schwerpunkt auf ökologische Aspekte, steht **PEFC** (Programme for the Endorsement of Forest Certification Schemes) für die Handhabung und die Gleichberechtigung aller drei Säulen der Nachhaltigkeit: Ökologie, Ökonomie, Soziales.

Auf eine Bewertung wird hier verzichtet, sie obliegt der Einstellung jedes Einzelnen. Nur so viel: Das Bundesumweltministerium schreibt: „Neben der Kontrolle und Durchsetzung der Forst- und Naturschutzgesetze sind Zertifizierungssysteme ein Instrument, um eine legale und nachhaltige Waldbewirtschaftung zu unterstützen und die Nachfrage nach legal und nachhaltig erzeugtem Holz zu fördern. Daher soll der Anteil nach hochwertigen ökologischen Standards zertifizierter Waldflächen (PEFC, FSC) in Deutschland (...) weiter steigen". Auch das Europaparlament begrüßt in seiner Forststrategie „die Bemühungen der europäischen Forstunternehmen, den Verbrauchern Sicherheiten für eine nachhaltige Waldbewirtschaftung zu geben, die die multifunktionale Rolle der Wälder, insbesondere durch zertifizierte Holzprodukte, berücksichtigt (und) hält die FSC- und PEFC-Zertifizierungssysteme für diesen Zweck gleichermaßen geeignet".

Für beide Systeme steht die nachhaltige Bewirtschaftung an erster Stelle. Dazu kommt der Schutz der Biodiversität, Aufbau von Schutzgebieten und die Etablierung standortgerechter Baumarten. Die Unterschiede liegen in Details. So schreibt das FSC vor, dass 5% der Waldfläche als Referenzfläche nicht bewirtschaftet werden dürfen. Zehn Bäume pro Hektar müssen geschützt werden, eine Nutzung wird ausgeschlossen. Der Einsatz chemischer Mittel ist in FSC-zertifizierten Wäldern nur nach behördlicher Anordnung erlaubt, während bei PEFC der Einsatz von zugelassenen Mitteln bei Gefahr im Verzug „auf das notwendige Maß" beschränkt wird. Ein weiterer Unterschied besteht beim Abstand der Rückegassen. Bei PEFC beträgt der Mindestabstand 20 Meter, der FSC strebt das Ziel von maximal 10% Befahrung an. Dies entspricht einem Rückegassen-Abstand von 40 Metern. PEFC legt großen Wert auf einfache und günstige Zertifizierungsverfahren. Während bei FSC grundsätzlich jeder Forstbetrieb (also auch jeder Waldeigentümer oder die Forstbetriebsgemeinschaft) einmal im Jahr kontrolliert wird, besteht bei PEFC – besonders im Rahmen des regionalen Zertifizierungsverfahrens – die Möglichkeit, große Gebiete zu zertifizieren und dabei das Zertifizierungsverfahren für den einzelnen Eigentümer stark zu vereinfachen. Jährlich werden 10% der Fläche kontrolliert, zur Systemstabilität trägt zusätzlich ein internes Monitoring bei, das von den Regionalen Arbeitsgruppen durchgeführt wird. Durch den reduzierten Aufwand entstehen reduzierte Kosten.

FSC beschreibt in dem Deutschen Standard 3-0: „In einigen Sonderfällen dürfen flächige Hiebsverfahren durchgeführt werden. Bei **schema-**

tischen Hiebsverfahren (z.B. Kahlschlägen) sind im Hinblick auf Naturschutzansprüche (...) Ausnahmen (...) möglich." In den PEFC-Standards steht ähnlich: „Kahlschläge werden grundsätzlich unterlassen." Ausnahmen sind möglich, wenn ein Umbau in eine standortgerechte Bestockung geplant ist oder die Verjüngung aus dem Altbestand sonst nicht möglich wäre, des Weiteren bei kleinstparzellierter Betriebsstruktur, zum Waldschutz, bei der Verkehrssicherungspflicht oder der wirtschaftlichen Situation des Waldbesitzers (muss belegt werden). Kahlschläge sind flächige Nutzungen in Beständen ohne Verjüngung, die auf der Fläche zu Freilandklima führen. Dagegen sind kleinflächige Nutzungen, die der Entwicklung einer natürlichen Verjüngung oder dem Aufbau mehrstufiger Bestandesabfolgen dienen, und historische Waldnutzungsformen (Niederwaldbewirtschaftung) keine Kahlschläge.

Laut Bundeswaldgesetz soll der Wald *„im Rahmen seiner Zweckbestimmung ordnungsgemäß und nachhaltig bewirtschaftet werden. Durch Landesgesetz ist mindestens die Verpflichtung für alle Waldbesitzer zu regeln, kahlgeschlagene Waldflächen oder verlichtete Waldbestände in angemessener Frist wieder aufzuforsten oder zu ergänzen, soweit die natürliche Wiederbestockung unvollständig bleibt, falls nicht die Umwandlung in eine andere Nutzungsart genehmigt worden oder sonst zulässig ist."*

Allerdings sind die meisten Pflanzen, die im Wald auf der **Roten Liste** stehen, ausgerechnet solche, die auf Freiflächen wachsen.

Hintergrund dieser ausführlichen Erklärung ist das Modewort „**Nachhaltigkeit**". Diese hat also eine besondere Bedeutung in der Forstwirtschaft. Im *Duden – Deutsches Universalwörterbuch* wird die ursprüngliche Bedeutung mit einer „längere Zeit **anhaltende[n]** Wirkung" und speziell als „forstwirtschaftliches Prinzip" beschrieben, „nach dem nicht mehr Holz gefällt werden darf, als jeweils nachwachsen kann". Schriften aus dem 18. Jahrhundert belegen einen großen Mangel an Holz in Mitteleuropa. In dieser Zeit war der Kauf von Brennholz teurer, als das Fleisch, welches damit gebraten wurde. **Hanß Carl von Carlowitz** gilt als Begründer der Nachhaltigkeit. Als Leiter des Oberbergamtes in Freiberg für das Erzgebirge hatte er unter anderem die Aufgabe, die ansässigen Firmen mit Waldholz zu versorgen. Er schrieb im Jahr 1713 als Hauptwerk die *Silvicultura oeconomica, oder haußwirthliche Nachricht und naturmäßige Anweisung zur Wilden Baum-Zucht*. Darin wurde erstmalig das Wort „nachhaltig" erwähnt. Allerdings wurde diese Art der Waldnutzung nachweislich schon um 1350 in Klöstern der Toskana in Italien betrieben.

Wenn kein Kahlschlag (Kahlhieb) durchgeführt werden soll, müssen die gewünschten Bäume markiert werden. Dies kann mit dem **Reißhaken** oder mit der **Spraydose** geschehen. Der Nachteil des Hakens ist der, dass es beim Auszeichnen zu keinem Irrtum kommen darf.

Ziehhaken

Ansonsten kann der Schaden durch den falschen Anriss recht teuer werden. Beim Kahlschlag werden die Kosten des Auszeichnens gespart. Der finanzielle Nachteil entsteht dabei durch ein wildes Gemisch an Baumarten mit unterschiedlichem Alter und verschiedenen Güteklassen. Aber zurück zur Einzelbaumnutzung. Bei der Kennzeichnung des kommenden Einschlags sollte Erfahrung mitgebracht werden. Wenn die Bäume mit der Spraydose markiert werden, sind Fehler zu korrigieren.

Das Wichtigste ist jedoch zunächst die Suche nach einem Holzkäufer, denn es muss einen Markt für die zu schlagenden Bäume geben. Zudem sollte sich der Waldbesitzer auch um die variablen Holzpreise kümmern und die Menge an anfallendem Holz kennen. Weniger wichtig ist der Zeitpunkt des Einschlags. Nur wenige Baumarten, wie zum Beispiel die Wildkirsche, die innerhalb eines Jahres faulen kann, müssen zeitnah eingeschlagen werden. Ein einfacher DDR-Hieb (**D**ie **D**icken **R**aus) ist meistens keine Lösung. Auch die Länge eines Stammes ist für den Verkauf wichtig, um die Masse zu berechnen. Eine Bestimmung „über den Daumen" gelingt mit dem **Försterstöckchen** mittels eines senkrecht gehaltenen Stocks und der Anwendung des sogenannten Strahlensatzes.

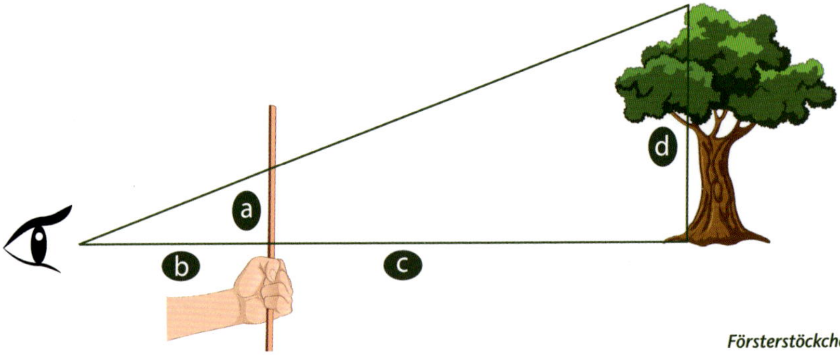

Försterstöckchen

Das Verhältnis der Strecke *Blick – Daumen* (b) zur Strecke *Daumen – Schnittpunkt Blick zum Wipfel* (a) entspricht dem Verhältnis der Strecke *Blick – Baumstamm* (c) zur *Baumhöhe* (d). Also ist a : b = d : c.

Als Beispiel:
Stocklänge zwischen Hand und Schnitt mit Linie zum Wipfel (a) = 0,4 m
Armlänge zum Auge (b) = 0,7 Meter
Länge vom Auge zum Baum (c) = 25 m

0,4 m : 0,7 m	= d : 25 m	| × 25 m
0,4 m × 25 m : 0,7 m	= d	
14,2 m	= d	

Der Baum hat demnach bei allen Ungenauigkeiten eine Höhe von etwa 14 Metern.

Zu überlegen ist auch, was mit dem restlichen Bestand geschieht, wenn diese Bäume fehlen. Wie instabil wird der Wald durch die Nutzung? Sind die Wurzeln der verbleibenden Bäume stabil genug oder sind etwa die Lücken zu groß, sodass der Wind zugreifen und den Bestand werfen kann? Was tritt an die Stelle der abgehenden Bäume, eine Neuanpflanzung oder der Naturaufschlag? Fragen über Fragen, die verantwortungsvoll für die nächsten Generationen bedacht und geklärt werden müssen. Außerdem müssen die **Rückegassen** angelegt werden.

Durch diese wird verhindert, dass mit den geschlagenen Bäumen im Schlepp kreuz und quer durch den

Rückegasse

Wald gefahren wird. Den Forwarder nur halb voll zu beladen ist übrigens nicht sinnvoll, da dieser dann zweimal fahren muss, wobei das Eigengewicht nur wenig geringer ist, als die Tragkraft.

Die dabei entstehende **Bodenverdichtung** ist ein großes Thema der Zertifizierer, denn dadurch wird der Wasserhaushalt des Bodens gestört und das Feinwurzelsystem zerstört. Außerdem können mit der langen Anhängelast noch stehende Bäume verletzt werden und somit vermeidbare Rückeschäden entstehen.

Aus der modernen Waldbewirtschaftung sind Harvester, Forwarder, Skidder und Pflanzmaschinen nicht mehr wegzudenken, doch der pflegliche Umgang mit dem Waldboden ist unbedingt notwendig. **Bodenverdichtung**

Fahrspuren

sollte möglichst vermieden werden, da die Wachstumsausfälle ganz erheblich sind. Auch der Spruch „Die tiefen Fahrspuren sind als Tränke für das Wild gedacht, dass es sich wohlfühlt“ ist zu flach angesichts der Schäden für die Natur. Die Rückegassen, welche die großen Zertifizierungsgesellschaften mit festgelegtem Abstand fordern, wird ein verantwortungsvoller Bewirtschafter anlegen, aber möglichst nur bei Frost oder zumindest bei trockenem Wetter befahren. Damit können schon etwa 80 % des Waldbodens geschont werden.

Der Waldboden besteht nicht nur aus Sand und Humus, sondern enthält auch aktive Kleinlebewesen wie Würmer, die Nährstoffe umsetzen und gleichzeitig auch Poren zurücklassen. Durch eine unsachgemäße Befahrung kann dieses Gefüge gestört oder gar zerstört werden. Die natürlichen Bodenfunktionen, wie zum Beispiel die Wasserleitfähigkeit oder auch die Bodenluft, gehen verloren. Übrigens werden **Wasserschutzgebiete** häufig in Waldgebiete gelegt, da dort eine optimale Filterreinigung des Regenwassers durch den Waldboden erfolgt. Auch vor Düngemitteln brauchen sich Wasserwerker nicht zu fürchten, wohl aber vor übertriebener Kalkung des Waldbodens, da sie die Zersetzung der Streu beschleunigt und damit den Nitratgehalt des Trinkwassers erhöht. Allerdings ist die Kalkung häufig eine notwendige Aktion, um die durch Immissionen entstandenen „sauren Böden“ etwas zu neutralisieren.

Nach dem fertigen Auszeichnen – und starken Nackenschmerzen durch das Kontrollieren der Baumkronen – wird eine Reihe von Arbeitsgeräten für die nachfolgenden Tätigkeiten benötigt: Axt, Beil und Motorsäge, dazu kommt der allgemein weniger bekannte, aber ungemein hilfreiche

Waldkalkung

Sappie. Das ist eine Art Pickel, der in den Stamm eingeschlagen wird, um diesen manuell zu ziehen.

Wirtschaftlich besonders interessant ist der Harvester (deutsch: „Ernter"). Dieser ist ein besonderes Untier im Forst. Tonnenschwer, bis zu acht riesige Reifen oder Gleisketten wie ein Panzer, nachts eine Rundumbeleuchtung wie in Fernsehstudios. Und die Bodenverdichtung? Diese findet so gut wie *nicht* statt, wenn er gut geführt wird! Durch die extrem breiten Reifen oder Gleisketten verteilt sich der Andruck erheblich, Harvester dürfen nur auf festen Wegen oder Rückegassen fahren. Der Harvester erfasst den zu fällenden Baum, „umarmt" ihn mit 4 Krallen, hält ihn fest, sägt ihn unten ab und legt ihn vorsichtig in die schonendste Richtung. Der Baum wird direkt vor Ort mit einem Zahnrad an den (scharfen) Krallen vorbeigeführt, damit entastet und zur geforderten Länge abgelängt. Das anfallende Geäst wird sorgfältig als Matte vor die Fahrspur abgelegt. Dadurch ergibt sich eine weitere Möglichkeit, der Bodenverdichtung vorzubeugen. Die Krallen und das Zahnrad können im gleichen Arbeitsgang den Durchmesser und die Länge messen, sodass der Bordcomputer sofort die Holzmasse berechnen und an den heimischen Computer senden kann. So entstehen weniger Schäden am Bestand, die Arbeit wird wesentlich schneller geleistet (ein Harvester ersetzt durchschnittlich 10 Arbeiter), sie ist schonender für die Gesundheit und die Rückegassen sind häufig im folgenden Jahr schon wieder zugewachsen. Eine kleinere Endnutzung oder Nutzung dicker Stämme (vor allem Laubholz) erfordert weiterhin die Tätigkeit von Waldarbeitern mit Axt, Motorsäge und eventuell einem Fällkeil. Diese Arbeit ist wohl eine der schwersten und gefährlichsten überhaupt. Für Laien ist schon gefährlich, dass es so aussieht, als wäre es einfach. „Die Säge kauft man sich problemlos im Baumarkt, ansonsten wird bei diesem einen Baum schon nix passieren". **Das ist definitiv die falsche Einstellung und der erste Schritt zu schwersten Verletzungen!** Zunächst wird zwingend eine **Schutzausrüstung** benötigt.

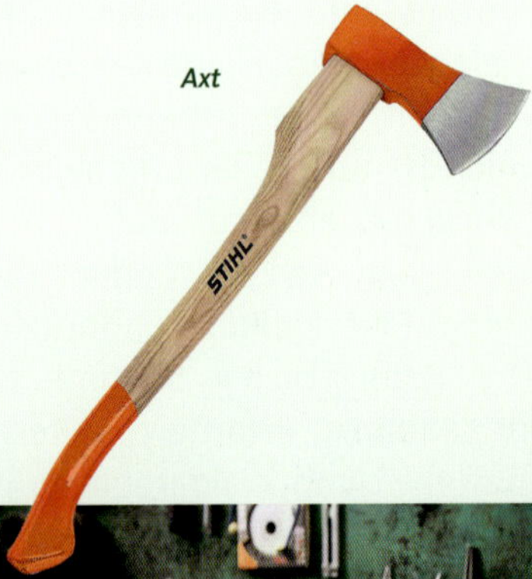

Axt

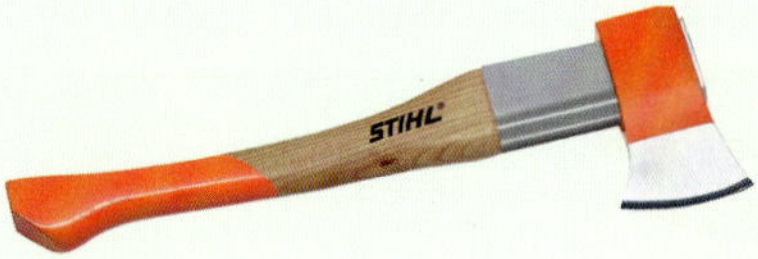

Beil

Sappie

Motorsäge

Harvester

Harvester-Kopf

Schutzausrüstung

Diese besteht aus einem Schutzhelm mit Visier und Gehörschutz, einer Arbeitsjacke in Signalfarben, einer Schnittschutzhose, Sicherheitsschuhen oder -stiefeln und Schutzhandschuhen (ggf. mit Schnittschutzeinlage). Die Schnittschutzhose besteht aus einem – meist am vorderen Bereich der Beine – doppelten Stoff, zwischen dem mehrere (mehr als 4) Schutzeinlagen aus ungeheuer vielen, sehr langen, feinen, reißfesten Fäden eingenäht sind. Wenn die Kettensäge mit der Schutzhose in Kontakt kommt, wickeln sich die reißfesten Fäden um das Schwert der Motorsäge, die Sägekette verstopft und die Säge geht umgehend aus. Die Schnittschutzkleidung ist kein vollkommener Schutz bei Sägearbeiten, aber häufig fallen die Verletzungen leichter aus. Übrigens passieren die meisten Unfälle beim Entasten der Stämme.

Um nicht den Eindruck zu erwecken, der Holzeinschlag sei einfach und problemlos, wird hier nur oberflächlich auf die **Fälltechnik** eingegangen.

Dabei ist für Starkholz ein Motorsägenführerschein der dritten Kategorie unumgänglich! Zunächst wird ein Standardfallkerb mit 45 bis 60 Grad am Fallkerbmaul angelegt, bei schwächerem Holz in einem Winkel von bis zu 90 Grad. Anschließend wird auf der gegenüberliegenden

Seite der Fällschnitt angelegt. Dieser Schnitt muss um 1/10 des Stammdurchmessers höher liegen als die gedachte Linie, senkrecht zur Fallkerbsehne. Den größtmöglichen Fehler macht der Ungeübte, wenn er diese Sehne durchschneidet. Denn das Wichtigste ist die Bruchleiste, sie ist die „Lebensversicherung" des Holzfällers. Sie muss ebenfalls 1/10 des Stammdurchmessers stark sein und gibt die Fallrichtung des Baumes vor. Am gefällten Baum wird sie als **Waldbart** bezeichnet, da sie durch die Fällung ausgefranst wird. Dieser Waldbart wird am liegenden Baum abgesägt, genau wie Wurzelanläufe und Kernfäule am Fuß (zum

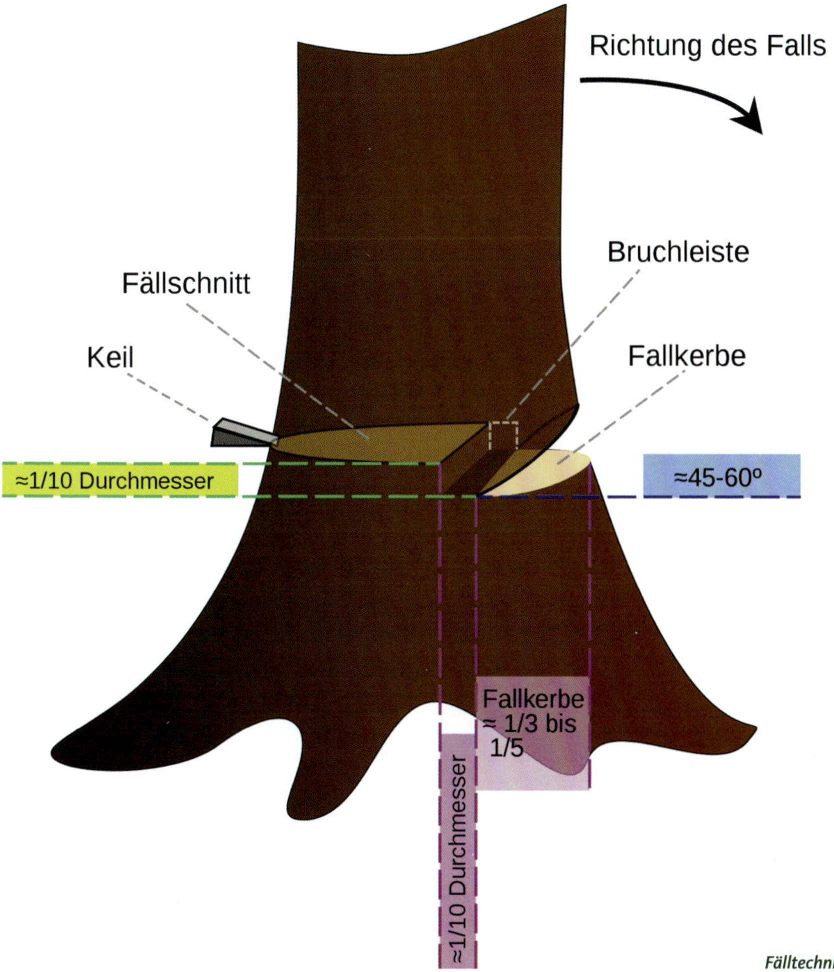

Fälltechnik

Forwarder

Skidder

Beispiel nach Wildverbiss) oder am Zopf (z. B. nach Schneebruch). Diese Arbeit wird in der Forstwirtschaft „gesundschneiden" genannt.

Jetzt liegen die Bäume auf der Erde. Möglichst ordentlich, vielleicht sogar im Fischgrätmuster, sodass sie leicht mit der Seilwinde oder einfach direkt mit dem Arm eines (Harvester-)Krans an die Rückegasse gezogen werden können.

Bei größeren Einschlägen werden sie mit einem **Forwarder** (deutsch: Spediteur, Absender) an den „fahrbaren Weg" gebracht („gerückt") und gestapelt („gepoltert"). Kurzholz wird auf den Forwarder gestapelt, Langholz wird am dicken Ende auf den **Skidder** (deutsch: Schlepper, Rutscher) geladen. Geht die Fahrt an wertvollen, noch stehenden Bäumen vorbei, können Stahlrohre in „A-Form" (Abweiser) am Wertholz zum Schutz aufgestellt werden.

Der **Forwarder** besteht aus einer Einheit von Motor- und Steuerteil (teilweise mit drehbarer Kabine) und einem Anhänger mit Kran und Klemmrungen. Bereift sind die je zweiachsigen Teile mit extra breiten Reifen oder Gleisketten, um den Bodendruck so gering wie möglich zu halten. Der **Skidder** ist der Nachfolger des **Rückepferdes**.

Er ist ausgerüstet mit Kran, Polterschild und Klemmbank und ist deutlich leichter als ein Forwarder, kann aber auch erheblich weniger transportieren. Meistens erfolgt bei den Stämmen zum Verkauf vor der Verladung die Markierung (Verkaufs-Auszeichnung), erkennbar an den farbenfrohen Ziffern und Buchsta-

Rückepferd

Ausgezeichnete Baumstämme

ben am Stammteller. **Auszeichnen** bedeutet forstlich, dass die untere Schnittfläche jedes Stammes mit einer Vielzahl von Buchstaben und Zahlen verziert wurde, ein für Außenstehende wirres Durcheinander.

Dabei stehen die Buchstaben für das Kürzel des Käufers und des Waldbesitzers, die einfachen Punkte sind sogenannte Zählpunkte, um keinen Stamm zu vergessen. Die Zahlen bezeichnen Länge (L in Meter) und Mittendurchmesser (d in Zentimeter) des Stammes, sodass in der Regel eine 4-stellige Zahl entsteht. Die Ziffern 2036 (vgl. Abbildung „Ausgezeichnete Baumstämme“) beschreiben zum Beispiel einen Stamm mit 20 m Länge und einem Mittendurchmesser von 36 cm. Demnach kann der Rauminhalt nach folgender Formel berechnet werden:

$R = (d/2)^2 \times \pi \times L$

$R = 0{,}18\ m \times 0{,}18\ m \times 3{,}14 \times 20\ m = 2{,}03\ fm$

Der Stamm hat also ein Volumen von 2,03 Festmetern.

Zusätzlich zum **Verkaufsmaß** muss je Stamm ein **Übermaß** belassen werden. Dieses beträgt bei Stammholz immer 40 cm unabhängig von der Länge des Stammes und dient der Sicherheit des Käufers. Auch der Baumart typischen Dicke der Rinde wird Rechnung getragen. Entweder wird der Baum am Messpunkt geschält oder es wird ein standardisierter **Rindenabzug** verwendet, er beträgt zum Beispiel bei der Fichte 1 cm bei Durchmessern von 1 bis 26 cm, 2 cm für Durchmesser von 27 bis 50 cm und 3 cm ab 51 cm Durchmesser. Zudem kann noch die Qualitäts-Sortierung von A bis D aufgesprüht werden. Häufig wird die Schnittfläche des Stammes aber freigelassen und nur die Nummer des Stammes mit einem Kunststoffplättchen angeschlagen sowie die genannten Zahlen dann in einer extra Holzliste eingetragen. Einerseits erleichtern diese Plättchen die Arbeit, andererseits kann auch nur die kleinste Spur Kunststoff bei der Weiterverarbeitung (z. B. Papierherstellung) stören, weshalb sie häufig nicht verwendet werden.

Eine einheitliche Sortierung ist in Deutschland nicht einfach, da sowohl das Wachstum des Holzes als auch seine Verwendung an bestimmten Sortimenten innerhalb der Bundesrepublik stark unterschiedlich sind. Eine Richtlinie des Rates der EWG vom 23.01.1968 wurde am 20.06.2007 aufgehoben und das Gesetz über gesetzliche Handelsklassen für Rohholz wurde zum 31.12.2008 außer Kraft gesetzt. Die bis zu dieser Zeit bekannteste Sortierung ist die **Heilbronner Sortierung,** die ihren Namen der Stadt Heilbronn verdankt, früher ein Hauptumschlagplatz für Rohholz und Flößerei. Derzeit gilt die Rahmenvereinbarung für den Rohholzhandel in Deutschland (**RVR**), sie wurde erarbeitet vom **Deutschen Forstwirtschaftsrat** und dem **Deutschen Holzwirtschaftsrat** und trat am 1. Januar 2015 in Kraft. Sie wird laufend angepasst und überarbeitet. Danach ist Rohholz definiert als der gefällte, entwipfelte und entastete Baum oder Teile davon, die abgelängt und ggf. entrindet, gespalten oder zerkleinert sind. Es wird je nach Verwendung zwischen Stammholz (für die Furnier- und Sägeindustrie), Industrieholz (für die Holzwerkstoffindustrie und Papier- und Zellstoffindustrie) und Energieholz (für die energetische Nutzung) unterschieden. Stammholz wird weiter nach seinen Merkmalen sortiert:

A Stammholz von ausgezeichneter Qualität. Es ist fehlerfrei oder weist nur unbedeutende Mängel auf, die seine Verwendung kaum beeinträchtigen.

B Stammholz von normaler Qualität mit wenigen und/oder mäßig ausgeprägten Qualitätsmerkmalen.

C Stammholz von normaler Qualität mit vermehrt vorkommenden und/oder stärker ausgeprägten Qualitätsmerkmalen.

D Stammholz, das wegen seiner Merkmale nicht den Klassen A, B, C angehört, aber als Stammholz nutzbar ist (manchmal auch Cgw = geringwertig, der Ausdruck ist aber nicht verkaufsförderlich).

Das hochwertigste Holz ist das Furnierholz. Im Wald können die entsprechenden Bäume häufig daran erkannt werden, dass diese an den Schnittstellen mit Wachs verschmiert sind, um Fäule oder Insektenfraß zu verhindern. **Furnier** besteht aus (0,3 – 6 mm) dünnen Holz-Blättern, die durch Sägen, Messerschnitt oder Schälen vom entrindeten Stamm abgetrennt werden. **Microfurniere** (Furnierpapiere) werden in Dicken ab 0,08 mm hergestellt. Wertvolle Furniere werden immer noch per Hand gesägt oder in Richtung der Holzfaser gemessert, Massenware wird vorher gedämpft. Anschließend werden sie auf Spanplatten, MDF-Platten (= mitteldichte Faserplatten), Multiplexplatten oder Sperrholz aufgeleimt. Um ein Verziehen des Holzes zu vermeiden, muss die Rückseite mit sogenanntem Gegenzugfurnier (Sperrfurnier) blindfurniert werden. Microfurniere sind unter anderem in Japan populär. Die ältesten bekannten Furniere sind Grabbeigaben aus Ägypten für Pharao Tut-ench-amun und es ist überliefert, dass Kleopatra Caesar einen furnierten Tisch schenkte. Die erste Furnierfabrik in Deutschland wurde 1843 in Freiburg gegründet.

In die untere Schnittstelle von wertvollem Holz werden direkt nach der Fällung S-Haken eingeschlagen. Diese sollen verhindern, dass das Stammholz beim Trocknen oder durch innere Spannung aufreißt. Sie sind in unterschiedlichen Formen aus 20 mm breitem Messerstahl gefertigt.

S-Haken

Spalthammer

Besonders wertvolle Furnierholzstämme werden im Wald oder auf dem Holzplatz mir einer Wachsschicht überzogen, die Bakterienbefall und Austrocknung verhindert.

Äste und minderwertiges Stammholz (Industrieholz) werden zu Brennholz aufgearbeitet, wobei die beliebteste Baumart das Buchenholz ist. Zur Aufbereitung wird je nach Stückgröße eine **Spaltaxt** mit einem Keilwinkel von circa 20 Grad und etwa 2.000 g Kopfgewicht oder ein **Spalthammer** mit einem Winkel von 30 Grad und einem Kopfgewicht von 3.000 bis 4.000 g verwendet.

Die **Universalaxt** hat dagegen einen Keilwinkel unter 10 Grad und ein Kopfgewicht von 600 bis 1.000 g. Beim Spalthammer ist das andere Ende wie ein Hammer geformt, um Spaltkeile einzuschlagen. Für Anmachholz ist in aller Regel ein Beil mit kürzerem Stil ausreichend. Bei längerem Holz ist für Privatanwender der „**Meterspalter**“ geeignet,

Profis verwenden den „**Liegendspalter**“ mit zum Teil mehr als 50 Tonnen Spaltkraft und Kranbeschickung. Bei nicht aufgearbeitetem Stamm- oder Astholz und dem Einsatz einer Motorsäge muss unbedingt ein Motorsägenführerschein vorliegen!

Spalter

Für den Verkauf wichtig sind die **forstlichen Volumeneinheiten** und **Holzgewichte**, sie sind eindeutig geregelt. Seit dem 26. Juni 1970 sind in Deutschland als Volumeneinheiten nur noch der Kubikmeter, der Liter und alle dezimalen Teile und Vielfache davon gesetzlich zulässig. Die Realität sieht wie so häufig anders aus. Die Einheit **Festmeter** (fm) kommt dieser Forderung am nächsten. Sie entspricht dem Kubikmeter, wobei angenommen wird, dass der Baum am Mittendurchmesser gerechnet eine Walze ist. Der untere Teil ist etwas dicker, dafür ist der Teil oberhalb der Mitte etwas schlanker. Somit wird das Volumen eines Zylinders mit der Formel $\mathbf{r^2 \times \pi \times L}$ berechnet, wobei L die Baumlänge bezeichnet und r den Radius mit π als „Kreiszahl“ (3,14). Der **Raummeter** (rm) ist die gebräuchlichste Einheit für Brennholz. Ein Raummeter (1 rm) entspricht einem Kubikmeter von gut parallel geschichteten Holzstücken, einschließlich der Zwischenräume. Nach der Erfahrung entspricht 1 rm etwa 0,7 m³. In Süddeutschland wird dafür der **Ster** (st) (griechisches Wort für „starr“) verwendet. Gewöhnlich haben die Holzscheite eine Länge von 33 cm, nach Kundenwunsch auch 25 oder 50 cm. Ein **Klafter** entspricht 3 Ster. Häufig ist das akkurate Aufschichten nicht wirtschaftlich, weshalb sich oftmals des **Schüttraummeters** (srm) bedient wird. Er entspricht einer lose geschütteten Menge von einem Kubikmeter. Bei Holzscheiten entspricht 1 srm 0,45 bis 0,5 fm. Bei Hackschnitzeln entspricht 1 srm ca. 0,4 fm. Holzpellets werden problemlos nach Gewicht gehandelt, da sie ab 14 % Restfeuchte aufquellen. Zertifizierte Holzpellets (ENplus) dürfen nur eine Restfeuchte von 10 % haben. Bei Scheitholz kann die Feuchte natürlich stark variieren. Es gibt verschiedene forstliche Bezeichnungen für unterschiedlich gelagertes **Brennholz**. **Grünholz** steht für direkt frisch gefälltes Holz, während bereits im Wald gelagertes Holz als **waldfrisch** bezeichnet wird. Nach zwei Jahren sind Holzscheite bei zugiger Lagerung **lufttrocken** (lutro). Werden sie im Trockenofen (Darre) getrocknet, sind sie darr-trocken oder **absolut trocken** (atro). Durch den Gehalt an Feuchte ist der Handel mit Scheitholz nach Gewicht durchaus mit Problemen verbunden.

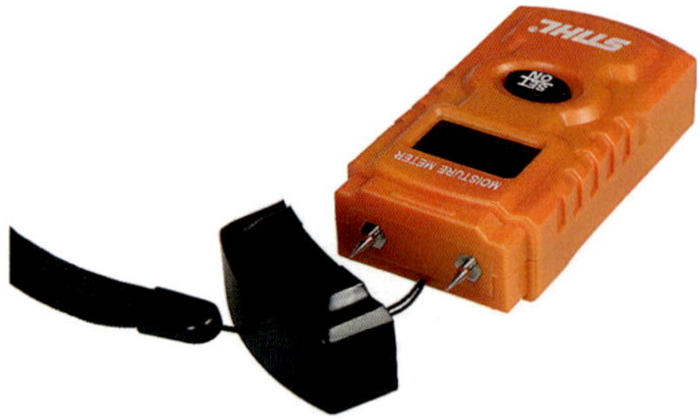

Feuchtemessgerät

Abhilfe kann das **Feuchtemessgerät** schaffen, das in das Holzscheit eingeschlagen wird und über die Leitfähigkeit von Strom den Prozentsatz an Feuchte angibt. Da durchschnittliche Gewichte für unterschiedliche Baumarten bekannt sind, ist auch ein Handel über das Gewicht möglich.

Die Umrechnung von Gewicht (m. R. = mit Rinde) in Festmeter (o. R. = ohne Rinde) ist bei

Eiche: 1 t atro m. R. = 1,4 m^3/f o. R, 1 t lutro m. R. = 0,9 m^3/f o. R

Buche: 1 t atro m. R. = 1,5 m^3/f o. R, 1 t lutro m. R. = 0,9 m^3/f o. R

Fichte: 1 t atro m. R. = 2,3 m^3/f o. R, 1 t lutro m. R. = 1,4 m^3/f o. R

Pappel: 1 t atro m. R. = 2,5 m^3/f o. R, 1 t lutro m. R. = 1,5 m^3/f o. R

Brennholz sollte zu seiner Verwendung unbedingt lufttrocken sein.

Gefahren für den Wald

Auch im Wald herrscht nicht immer „eitel Sonnenschein". Gemeint sind die verschiedenen großen **Schadereignisse** (**Kalamitäten,** lat. calamitas = Schaden). Sie liefern plötzlich einen besonders hohen Anfall an Schadholz durch Schneebruch, Schneedruck, Windwurf, Windbruch, Waldbrand, Sonnenbrand, die sogenannten neuen Waldschäden oder auch bei Epidemien durch Schädlinge. Eine vorbeugende Maßnahme ist die Anlage von Schutzstreifen und Hecken sowie die Bepflanzung der Waldränder.

Auch eine allzu starke Durchforstung kann eine **Sturmkalamität** auslösen, wenn sich vor einem Sturm die Wurzeln der verbliebenen Bäume noch nicht auf den größeren Freiraum eingestellt haben. **Sonnenbrand** entsteht häufig zum Beispiel beim Ausbau von Autobahnen, wenn Bäume plötzlich freigestellt und dem vollen Sonnenlicht ausgeliefert sind. Eine **Käferkalamität** wird durch Borken- oder Splint-Käfer ausgelöst.

Sie befallen in der Regel ausschließlich bereits vorgeschädigte Bäume, jedoch können Bäume durch starken Befall vorgeschädigt werden. Gesunde Bäume können mit ihrem Harzanteil bei normalem Befall die Käfer abwehren, da das Harz deren Mundwerkzeuge verstopft. In totes, trockenes Holz können Schädlinge ebenfalls nur schwer eindringen. Im Gegensatz zu den Borkenkäfern, die ihre Fraßbilder unter die Borke fressen, gehen die Splintkäfer in den Stamm und entwerten so den gesamten Baum, allerdings bringen sie

Fraßbild des Splintholzkäfers

Fraßbild des Hausbocks

Schneebruch

diesen normalerweise dadurch nicht zum Absterben. Nach einem heftigen Sturm, wie zum Beispiel im Jahr 2007 der Orkan „Kyrill“, wird zuweilen befürchtet, dass die Hälfte des geworfenen Holzes noch einmal als Käferholz anfällt. Sogenannte „angerissene Bestände“ sind dann auch anfällig für folgende Sturmereignisse.

Schneebruch und vor allem Windwurf sind eine besondere Herausforderung für die eingesetzten Waldarbeiter. Die Stämme liegen verdreht, verkantet und meistens unter Spannung, es wirken sehr große und häufig vielfältige Kräfte. Bei der Aufarbeitung müssen unbedingt die „besonderen Vorschriften zur Unfallverhütung“ beachtet werden. Weiter gilt es natürlich auch, der Verkehrssicherungspflicht zu genügen und die Verhütung außerordentlicher Schäden an den Straßen zu gewährleisten. Diese Arbeiten sollten keinesfalls mit einem gewöhnlichen Motorsägenführerschein durchgeführt werden. Leider steigen nach Stürmen auch bei erfahrenen Waldarbeitern die Unfallzahlen deutlich an.

Als letzte Kalamität werden hier die **Waldbrände** beschrieben. Nach den verheerenden Waldbränden in Deutschland – vor allem 1975 in Niedersachsen – wurden die Ausgaben für die Waldbrandvorbeugung und -kontrolle deutlich erhöht. Die Investition war erfolgreich und das System wird von vielen Ländern kopiert. Seit 2002 werden in Deutschland zur frühzeitigen Erkennung von Waldbränden optische Sensoren zur Raucherkennung (FireWatch) eingesetzt. Dabei werden Rauchwolken mit dem **„Optischen Sensor System (OSS)“** oder dem **„Automatisierten Waldbrand-Frühwarnsystem (AWFS)“** in bis zu 15 km Entfernung innerhalb von vier Minuten erkannt. Im Jahr 2019 werden mit insgesamt 109 Kameras flächendeckend die Waldbestände in Brandenburg, Mecklenburg-Vorpommern, Niedersachsen, Sachsen und Sachsen-Anhalt überwacht. Das System kommt auch in Chile, Estland, Kasachstan, Litauen, Mexiko, der Slowakei und in Zypern zum Einsatz. In Bayern und Niedersachsen wird das System durch eine Flugzeugstaffel ergänzt. Damit wurden die **Feuerwachttürme** zur Erkennung mehr und mehr abgelöst.

Allerdings gibt es auch in Deutschland große Unterschiede bei der Waldbrandgefahr. Da es in Laubwäldern weniger Harz gibt und diese häufig einen krautigen grünen Boden haben, sind sie weniger gefährdet als die sandigen Böden im Nordwesten und Osten Deutschlands. In Brandenburg werden deshalb traditionell die meisten Brände und die größte Brandfläche registriert. Die meisten Ursachen sind vorsätzliche Brandstiftung (z. B. Brandrodung) oder Fahrlässigkeit (Zigaretten). Auch Katalysatoren von Autos oder heiße Bremsscheiben können trockenes Gras entzünden. Einen Hinweis auf leere Glasflaschen als Brandherd gibt es nicht, wohl aber wirkt eine volle Wasserflasche wie eine Lupe und entzündet trockenes Gras oder Laub. Auf Truppenübungsplätzen kann sich verrostende Munition selbst entzünden. Natürliche Ursachen (z. B. Blitzschlag) sind in Mitteleuropa eher selten. Eine größere Rolle spielt der natürliche Waldbrand in Südeuropa, allerdings ist auch dort die Gewinnung von Bauland durch Brandrodung erheblich. In Deutschland wird die Gefahr eines Waldbrandes nach einem fünfstufigen **Waldbrandgefahrenindex** (WBI) bestimmt. Die-

ser beschreibt das meteorologische Potential für die Gefährdung: „1 = sehr geringe Gefahr“ bis hin zu „5 = sehr hohe Gefahr“.

Übrigens ist das Parken vor Schlagbäumen und Einfahrten in den Wald aus Brandschutzgründen und zur Durchführung von Arbeiten nur dem Waldbesitzer und dem Jagdpächter erlaubt. Diese dürfen auch jederzeit während der Arbeit rauchen, auch wenn jahreszeitlich und regional das Rauchen verboten ist.

Durch sein Wurzelwerk, durch das Kronendach und durch die Bodenvegetation schützt Wald auch umgekehrt den Boden vor **Erosion**. Aufgrund dessen sind Bodenschutzwälder im Küstenschutz und im Gebirge von besonderer Bedeutung. Außer dem Schutz vor Erosion, dient der Wald auch zum Schutz vor **Immissionen** (Stäube, Gase und radioaktive Stoffe). Speziell Nadelwald

hat eine gute Wirkung, da er auch im Winter filtert. Bis zu zehnmal mehr Schadstoffe werden auf Waldflächen gegenüber Freiflächen aus der Luft abgelagert.

Als **Sicht- und Lärmschutz** wird Wald an Autobahnen oder Industrieanlagen angepflanzt. In den Mittelgebirgen und in den Gebirgen wirkt der sogenannte „stabile Bergwald“ als **Lawinenschutz**. Dabei kann eine oberhalb der Waldgrenze angebrochene Lawine durch Wald nicht aufgehalten werden, ohne dass er zerstört wird. Im Wald brechen kaum Lawinen an, da der Waldboden sehr rau ist durch Streu aus Nadeln und Laub. Außerdem lassen Waldbäume keine gleichmäßige Struktur der Schneedecke zu, im Gegensatz zu Freiflächen. Zusätzlich fangen die Baumkronen Schnee ab und lassen ihn bei Sonneneinstrahlung verdunsten. Insgesamt wirken nicht nur die dicken und alten Bäume, Untersuchungen haben ergeben, dass auch kleine, junge Bäume schon sehr gut dem Lawinenschutz dienen.

Hier soll aber nicht nur „Wald gestern und heute“ beschrieben, sondern auch die Zukunft in den Blick genommen werden. Hinsichtlich einer möglichen **Klimaänderung** laufen die Forschungen auf Hochtouren, hauptsächlich in Richtung wärmeertragender Baumarten wie zum Beispiel der Eiche und der Kiefer aus dem mediterranen Raum. Die Forschung muss die Reaktion von Baumarten auf extreme Hitze- und Trockenstress-Ereignisse untersuchen, und danach waldbauliche Konzepte entwickeln. Der Wald benötigt auf jeden Fall einen Arten-Mix mit vielfältiger Baumartenmischung. Derzeit muten alle Aussagen dazu jedoch noch etwas wie Kaffeesatzleserei an. Sicher scheint zu sein, dass die Fichte sich extrem in die höheren Gegenden zurückziehen wird. Auch die Buche wird zunehmend in Bedrängnis geraten, weil es in den meisten Teilen Deutschlands wärmer und trockener wird. Die Weißtanne kommt derzeit mit dem Klima gut zurecht und verträgt wesentlich mehr Trockenheit als die Fichte. Sie scheint aber ein Wackelkandidat zu werden. Die Kiefer scheint ebenfalls gefährdet, während die Hainbuche dort wächst, wo die Rotbuche an ihre Grenzen kommt. Der Linde wird hinsichtlich der Anpassung eine bedeutende Rolle eingeräumt, während Bergahorn, Spitzahorn und Feldahorn sich für trockene und sonnenexponierte Standorte eignen. Wo die Eiche schlapp macht, kann die Roteiche oder Elsbeere eingesetzt werden. Bei der Douglasie gehen die Meinungen weit auseinander, von absolut ungeeignet bis „Erste Wahl“. Zur Erforschung kann in Deutschland auf Gehölzsammlungen für Bäume und Sträucher in etwa 90 **Arboreten** zurückgegriffen werden, zum Beispiel in botanischen Gärten, die teilweise aus dem 19. Jahrhundert stammen. Sie werden außer für die wissenschaftliche Forschung und Lehre auch für die Erholung der Besucher sowie für die Umweltbildung genutzt. In der augenblicklichen Situation ist es vielleicht weniger hilfreich, Wälder stillzulegen, da der Wald sich nicht alleine neu strukturieren wird. Der Mensch dagegen kennt die Prognosen und Erwartungen. Er kann direkt mediterrane Arten bevorzugen oder solche, die eine gewisse **„Klimaelastizität“** haben, wenn das Klima in Deutschland mediterran werden wird. Das muss dann aber auch emotionslos, lösungsorientiert und behutsam durchgeführt werden. **Fremdländer** (Neophyten) müssen mit größter Vorsicht behandelt werden und es darf auch hier nicht zu „Fremdenhass“ kommen. In der Forstwirtschaft ist es die Bezeichnung für eingeschleppte Pflanzen, die sich in den meisten Fällen aufgrund fehlender Akklimatisation nicht dauerhaft halten können. Von den in Mitteleuropa eingeführten Arten an Farn- und Blütenpflanzen konnten nur 3% eingebürgert werden, darunter 1% auch in naturnaher Vegetation. Häufig werden sie nicht befruchtet, da entsprechende Insekten nicht zu der jeweiligen Blütezeit zur Verfügung stehen. Außerdem haben die damit zusammen eingeschleppten Pflanzenschädlinge möglicherweise keine Feinde in der neuen Umgebung. Es kann auch sein, dass die Borke derart „lecker“ riecht, dass Wild aus großer Entfernung angezogen wird und die Bäume verbeißt. In der Landschaftspflege werden zu Versuchszwecken in manchen Fällen Gehölzpflanzungen mit Fremdländern durchgeführt. Die Douglasie zum Beispiel wurde in Deutschland als eingewanderte fremdländische Baumart (invasive Neobionta) aufgenommen. Sie wurde vom Bundesamt für Naturschutz auf die sogenannte **Schwarze Liste** gesetzt, weil sie heimische Arten verdrängen würde. Diese negative Bewertung wird allerdings stark angezweifelt. Vor **invasiven Arten** wird dagegen stark gewarnt, entsprechend der Definition des Bundesamtes für Naturschutz: „Im Naturschutz werden die gebietsfremden Arten als invasiv bezeichnet, die unerwünschte Auswirkungen auf andere Arten, Lebensgemeinschaften oder Biotope haben“.

Vor einer echten Gefahr durch den Anbau von Zierpflanzen in den häuslichen Gärten warnt PEFC. Die Samen der Gartenpflanzen werden mit dem Wind weit in den Wald transportiert. Menschen, die ihre Gartenabfälle illegal im Wald entsorgen, handeln nicht nur verbotenerweise, sondern auch absolut fahrlässig.

Ein Beispiel dafür ist der **Riesenbärenklau** (Herkulesstaude), eine weißblütige, bis zu zwei Meter hohe Staude, deren giftiger Pflanzensaft zusammen mit Sonnenlicht zu schweren Hautverbrennungen führt.

Riesenbärenklau

Drüsiges Springkraut

Ebenfalls erwähnenswert ist das **Drüsige Springkraut**, das in seinen purpurroten bis blassrosafarbenen Blüten sehr viel Nektar produziert. Im Wald breitet es sich aber rasant aus und verhindert so die Naturverjüngung, ähnlich dem **Japanischen Staudenknöterich**, der **Spätblühenden Traubenkirsche** und der **Kanadischen** und **Späten Goldrute**.

Die **Digitalisierung** ist für die Forstwirtschaft eine große Erleichterung. Neben dem normalen Gebrauch von Tablets, zum Beispiel bei der Holzaufnahme und zum Holzhandel, kommt beim Holztransport, bei der Routenplanung und zum Auffinden der Holzpolter das Handy zum Einsatz. Ein großer Schritt nach vorne bei der Digitalisierung kann der **Virtuelle Wald** sein.

Damit soll eine Orientierungsgrundlage für die Forstwirtschaft und Touristen geschaffen werden. Das Programm beschreibt reale Waldbestände als virtuelle Ökosysteme. Einzelne Bäume erhalten damit eine „digitale Visitenkarte". Es werden Standort, Baumhöhen, Kronendurchmesser und Stammdurchmesser abgebildet. Das digitale Programm soll die Holzernte unterstützen, sowohl eine Simulation des Waldwachstums als auch von Waldbränden sein und zugleich die Folgen der Klimaveränderung abschätzen. Es ist ein Projekt des Landesbetriebs Wald und Holz NRW zusammen mit der Initiative zur rechnerintegrierten Fertigung (RIF) e.V. und dem Institut für Mensch-Maschine-Interaktion der RWTH Aachen (MMI). Derzeit werden diese Neuerungen allerdings noch stark behindert, da an Internet im Wald aufgrund des starken Kronenschlusses teilweise überhaupt nicht zu denken ist. Eine interessante Entwicklung ist die Integration von **Flug-Drohnen** in den Luftraum des Waldes.

Gemeint sind hier nur nicht-militärische Luftfahrzeuge. Im englischsprachigen Raum werden sie als unbemanntes Luftfahrzeug (unmanned aerial vehicle), in Deutschland dagegen als Flugmodell bezeichnet. Übrigens ist „Drohne" seit alters her die Bezeichnung für einen Menschen, der andere für sich arbeiten lässt. Zwischen 15 € und weit über 1.000 € kosten die Mini-Drohnen, für die ab einem Gewicht von 2 kg ein Flugkundenachweis (Drohnen-Führerschein) benötigt wird und eine Haftpflichtversicherung Pflicht ist. Jede Drohne ab einem Startgewicht über 250 Gramm unterliegt

Virtueller Wald

der Kennzeichnungspflicht. Die maximale Flughöhe ist auf 100 Meter über Grund begrenzt. Verboten sind Flüge zum Beispiel außerhalb der Sichtweite, über Wohngrundstücken, Naturschutzgebieten, Unglücksorten, militärischen Anlagen und Justizvollzugsanstalten. Drohnen werden bei der Begutachtung von Kalamitäten durch Schädlinge (Borkenkäfer), Sturm, Brand oder Überflutung eingesetzt, da sie in geringer Höhe den Schadensort überfliegen können und die Videokamera einen Überblick aus der Vogelperspektive liefern kann. Im Frühjahr suchen die Borkenkäfer testweise nach Brutmöglichkeiten. Die Flugdrohnen überfliegen den Wald und ihre Sensorköpfe suchen nach einem Duftmolekül (α-Pinen), das der von ihnen befallene Baum aussendet. Die Sensorsignale werden auf Karten übertragen. So können die befallenen Bäume identifiziert und entnommen werden. In Österreich wird eine Nurflügler-Drohne als „Winzerfalke" eingesetzt, dessen Flug und dessen Schreie einen Falken imitieren. Damit werden die Stare aus den Weinbergen vertrieben. Mit einer mit Wärmebildkamera ausgerüsteten Drohne können Rehkitze, die sonst leicht während der Ernte von Gras oder Getreide in ein Mähwerk geraten, erkannt und gerettet werden. Mit der Kamera hilft die Drohne zudem bei der Beschau von Schutzbauwerken und bei der Forsteinrichtung. Die Forsteinrichtung hat keinerlei Ähnlichkeit mit einer Wohnungseinrichtung. Die langen Produktionszeiträume über Generationen erfordern eine langfristige Betriebsplanung. Dazu bedarf es in Deutschland nach jeweils etwa 10 Jahren einer Zustandserfassung (**Forsteinrichtung**), die abschließend in einem sogenannten **Betriebswerk** – auch mit Landkarten – zusammengefasst wird.

Auf forstlich sinnvoller, kleiner Fläche wird zum Beispiel eine Bestimmung des Alters, der Bekronung, der Besonderheiten, des Waldbodens, der Schadensklasse und des Produktionstyps dokumentiert. Das Betriebswerk ist unter anderem die Grundlage für den jeweiligen **Hiebssatz**. Der Hiebssatz gibt an, wie viel Holz jährlich im Sinne der Nachhaltigkeit auf einer bestimmten Fläche geschlagen werden darf. Er wird in **Ernte**- (Efm) oder **Vorratsfestme-**

tern (Vfm) angegeben. Der durchschnittliche Zuwachs in Deutschland beträgt übrigens etwa 11 m³ / ha. Darüber hinaus ist das Betriebswerk wichtig für die Einheitsbewertung und für die Festsetzung der Einkommensteuer auch bei Kalamitäten. Aufgrund der dadurch plötzlich anfallenden Holzmenge werden die Einnahmen vor Steuer sehr stark erhöht, während die in den nächsten Jahren fehlenden Einnahmen steuerlich nicht wirksam werden.

Im 19. Jahrhundert wurde die Forsteinrichtung als Fachwerkmethode bezeichnet, da bei dem **Flächenfachwerk** etwa gleich große **Fächer** arrondiert (zusammengefasst) wurden. Eine etwas neuere Bezeichnung ist übrigens Taxation, der Einrichter wurde Taxator genannt.

Ein wieder neu entdecktes Spiel im Wald ist die (moderne) Schnitzeljagd. Ein Handy, Apps und Geokoordinaten dienen als Anleiter bei dem sogenannten **Geocaching**.

GEOCACHING

Etwa sechs Millionen Menschen machen weltweit bei diesem Spiel mit. Sie verstecken als „owner" (Eigentümer) „container" (Behälter mit einem Logbuch, in das der „nickname" (Spitzname) eingetragen wird) in „caches" (Verstecken), welche „muggels" (Unwissende) nicht wahrnehmen. Die GPS-Koordinaten werden auf Internetplattformen veröffentlicht und besucht. Da kann es einen dann schon mal bis ins Gebirge oder auf den Grund eines Sees führen. Das Problem im Wald sind jedoch zum einen die Störungen für das Wild und zum anderen, dass die Verstecke leider häufig abseits der Wege liegen. Damit wird der Besucherfluss quer durch den Wald gelenkt, wodurch das Wild beunruhigt wird und Pflanzen zertreten werden.

Eine durchaus ernstzunehmende Entwicklung ist der „Wald" (besser: Bepflanzung mit Bäumen) an und auf Häusern in Stadtzentren. Beispiele sind der **„Bosco verticale**" mit zwei Hochhauskomplexen in Mailand oder die drei Hochhäuser in Ho-Chi-Minh-Stadt. Auch Dubai hat inzwischen ein solches Hochhaus. Bei Betrachtung der Ökobilanz wird deutlich, dass Vögel und Insekten angesiedelt werden und das Stadtklima ebenfalls profitiert. Andererseits muss wegen des hohen Gewichtes der Pflanzen extrem viel Zement und Stahl verbaut werden. Auch die Bewässerung und der Unterhalt der Pflanzen ist sehr aufwändig. Die Fassadenreinigung und Baumpflege muss durch Sky-Worker erfolgen, das Fällen der Bäume mit Helikoptern.

Schlusswort

Mit den vorliegenden Gedanken sollten ein Überblick geschaffen und Zusammenhänge dargestellt werden, die nicht selbsterklärend sind. Auf emotionale Beschreibungen und Erklärungen wurde absichtlich verzichtet. Besser halten wir es mit Martin Luther: *Wenn ich wüsste, dass morgen die Welt unterginge, würde ich heute noch mein Apfelbäumchen pflanzen* (Aber auch hier haben Fachleute herausgefunden, dass die Aussage nicht von Luther selbst stammen kann!).

Also:

Viel Erfolg beim Nachdenken!

Bosco Verticale in Mailand

Register

V

W

Z

Abbildungsverzeichnis

Klaus Dominik (S. 16, 26, l. m. 50, 69, r. m. 73), Rosie Fraser (S. 9), PEFC (S. 13, 22, o. 30, l. o. 50, 53, r. o. 55, 65, r. o. 73, 79, l. o. 82, 85), Martien Brand (flickr.com, CC BY 2.0; S. 17), Durray Eschborn (S. 18), ADAC (S. 20), Bernhard Ohlerth (S. 21), Daniela Blöchinge (S. 23), Matti Östling (Hirschfänger; S. 24), Damaststahl Messerschmiede Gobec OG (Jagdnicker; S. 24), Arno Kowalewski/LJV NRW (S. 25), Norbert Kaiser (l. o. S. 27), Schwarzwald-Magazin (r. o. S. 27), Gunnar Ries (Wikimedia Commons, CC BY-SA 2.5; l. o. S. 28), SDW (S. 29, u. 30), Denny Ohnesorge (S. 31), Andreas Roloff (S. 32, 35, 39, 41, 42, 47), Jakob Gottfried (Wikimedia Commons, CC BY-SA 3.0; S. 33), Mariya Todorova (S. 34), André de Saint-Paul (Wikimedia Commons, CC-BY-SA 3.0; S. 36), Jill Burrow (S. 38), Ekrulila (S. 40), Cottonbro (S. 44), Thomas Dreger (S. 45), Dat doris (Wikimedia Commons, CC BY-SA 4.0; S. 46), Willow (S. 48/49), Scott Bauer USDA (r. o. S. 50), Fotofan 1 (Pixabay; S. 51), Karel Jakubec (S. 52), Landwirtschaftsverlag (S. 54), Grube (r. m. S. 55, r. o. 76), Damcon BV (S. 56), Ulrich Frenzel (l. u. S. 57), Landesbetrieb Wald und Holz (r. u. S. 57), USFS (S. 58), Stihl (S. 59, 63, o. 68, 70, r. m. 76, 78), Lars Langhans (r. u. S. 66), Reinhold Möller (Wikimedia Commons, CC BY-SA 4.0; u. S. 68), Amada44 (Wikimedia Commons, CC BY-SA 3.0; S. 71), Tim Rademacher (Wikimedia Commons, CC BY-SA 4.0; o. S. 72), John Deere (u. S. 72), Scheppach (S. 77), Gyorgy Csoka (l. o. S. 80), Growe Holzschutz AG (l. m. S. 80), John McColgan (S. 81), Jakfei (u. S. 82), Michael Bründli SLF (S. 83), Simplicius (S. 86), RIF Institut für Forschung und Transfer e. V. (S. 87), Thomas Weidner (S. 88), Moorochs (S. 89), Emerald (S. 90), Thomas Ledl (S. 91)